하우스 막걸리 쉽게 빚기

하우스 막걸리
쉽게 빚기

김경섭 지음

한국경제신문 i

우리가 빚는 막걸리는 하우스 막걸리입니다

누룩으로만 빚는 전통 방식으로 빚는 막걸리는 일정한 품질을 보장하기 어렵습니다. 하우스 막걸리는 전통 방식으로 빚는 막걸리의 문제점을 개선한 막걸리로 일정한 품질을 유지할 수 있습니다.

우리가 빚는 막걸리는 안전합니다

우리가 빚는 막걸리는 첨가물이 들어가지 않는 막걸리이며, 내 손으로 직접 빚는 막걸리로 위생에 만전을 기할 수 있어 마음 놓고 마실 수 있습니다.

우리가 빚는 막걸리는 맛있고 쉽습니다

우리가 빚는 막걸리는 깊은 지식이 필요 없는 막걸리로 물, 쌀, 발효재만 있으면 누구나 쉽게 빚어 맛있게 마실 수 있습니다.

Special thanks to

　이 책을 쓰는 동안 자료를 정리해주시고, 조언해주시며, 술 빚는 것을 도와주시고 내용을 같이 다듬어주신 정철 교수님, 이상현 선생님, 심유미 선생님, 홍정의 선생님, 조혜섬 선생님, 조원구 선생님, 김형수 선생님, 이종태 선생님, 김상은 선생님, 엄미자 선생님, 조미숙 선생님, 소재원 선생님, 고혜연 선생님, 김명숙 선생님께 깊은 감사를 드립니다.

김경섭

● 차례

1장,
전통주를 제대로 만들기 위한 사전지식

● 차례

2장,
제대로 막걸리 빗기

3장,
전통누룩 직접 만들어보기

부록

어서 빨리 술을 빚고 싶겠지만

좀 참으시고 먼저 이 장을 찬찬히 읽어주세요.

우리 술이 무엇인지도 모르고 빚는 술은

진정 우리 술이 아니랍니다.

아무리 급하다고

젓가락으로 국을 떠먹을 수는 없습니다.

술 빚기 전 막걸리를
이해하기 위한 페이지

책을 산 목적이 이게 맞죠?

일단 한번 빚어봅시다

이 책을 사신 분 중에 단 한 번도 막걸리를 빚어보지 못한 분들을 위해 일단 한번 빚어봅시다. 제대로 지식을 쌓고 빚는 것이 당연한 이치겠지만, 일단 한번 빚어봐야 성공하면 잘할 수 있는 의욕이 생기고, 실패하면 제대로 해보고 싶은 오기가 생기는 것입니다.

가장 쉽고 편한 밥으로 막걸리를 빚어보겠습니다. 옛날 엄마, 할머니께서 가끔 남은 찬밥들을 모아 막걸리를 빚으셨던 방법입니다. 찬밥에 누룩과 물을 넣고 이마에 땀이 찰 때까지 한참을 주물주물한 후에 항아리에 넣고 아랫목에 이불을 덮어두면 됩니다. 그리고 며칠 동안 매일 한 번씩 위아래로 섞어주면 시금털털하며 꽤 취기가 오르는 막걸리가 만들어집니다. 자, 일단 밥솥에 있는 따스한 밥을 차게 식혀 한번 만들어봅시다!

밥 2kg, 물 1ℓ, 전통누룩 500g

만드는 과정

1. 발효 용기에 차게 식은 밥 2kg, 물 1ℓ, 누룩 500g을 함께 넣고 10분 이상 밥알을 으깨는 기분으로 골고루 잘 치대줍니다.
2. 매일 한 번씩 위아래를 뒤집어 저어줍니다.
3. 4~6일 후부터 술이 내 입맛에 맞으면 채주해 음용합니다.

**채주한 술을 3~7일 정도 냉장숙성 후 음용하면 더 좋습니다.

전통주의 기본 개념

탁주, 청주, 소주, 막걸리

우리나라 전통주로는 크게 탁주(막걸리), 청주(맑은 술), 소주(증류주), 절기주 등이 있습니다. 탁주는 지에밥(찹쌀, 멥쌀을 물에 불려 시루에 찐 고두밥)에다 누룩을 섞어 만든 술로, 빛이 탁하고 텁텁한 맛이 나는 것이 특징입니다.

멥쌀이나 찹쌀 등의 곡물에 통밀을 물에 반죽해서 발효시킨 누룩을 넣어 물과 함께 버무린 다음, 옹기나 술독에 넣어 발효시키면 누런빛의 맑은 물이 떠오릅니다. 이것이 흔히 '약주'라 부르는 청주(명천 두견주, 교동법주, 백하주 등)입니다. 청주는 중인 이상의 계급에서 즐겨 마시던 고급술입니다. 인삼을 비롯한 여러 가지 재료를 넣어 빚는데, 재료에 따라 여러 가지 이름으로 불립니다.

약주를 받아내고 남은 술덧에 다시 물을 섞고 밥을 으깨어 체로 걸러내면 막걸리가 됩니다. 또 술덧을 솥에 넣고 끓이면 낮은 온도에서는 끓는 알코올이 기화되어 이슬로 맺힙니다. 이를 받아낸 것이 소주(안동소주, 문배주, 이강주 등)입니다. 우리가 흔히 먹는 소주는 고려시대부터 만들어진 술로, 조선시대에 들어서 한층 성행했습니다. 소주는 양조주를 다시 증류해 20~25도의 알코올 성분을 갖도록 만든 것입니다. 어떤 곡물로 만들었느냐에 따라 '찹쌀 소주', '쌀 소주'라 하고, 찹쌀과 멥쌀을 섞어 만든 것을 '노주'라 불렀습니다.

(출처 :《쌀》, 김영사, 2004, 최선호 지음 참고)

늘 고마운 존재

막걸리의 또 다른 이름

▲ 은자골 탁배기

막걸리는 지역, 용도, 그리고 사연에 따라 여러 이름으로 불려왔습니다. 농가에서는 농사 중 참을 먹으며 주로 먹는다 해서 '농주', 집집마다 빚는다 해서 '가주(가양주)', 그리고 막걸리를 사랑하는 사람들은 만든 술이 하얗고 이쁘다 해서 '백주'라고도 불렸습니다. 지역에 따라 '탁주' 또는 '탁배기'라고도 했습니다. 사발로 마신다 해서 '사발주'라고도 하고, '젖내기술'이나 '탁바리' 등 지금도 다양한 이름으로 불리고 있습니다.

이렇게 많은 이름으로 불린 막걸리는 단순한 술이 아니라 밤낮 상관 없이 우리 일상과 함께하는 고마운 존재입니다.

1980년대 대포집 그리고 아버지

어스름한 저녁, 친구나 동료와 단내 나는 하루를, 녹록지 않은 인생을 함께 복기하며 마시던 막걸리 한 사발은 그냥 술이 아니라 하나의 위안이었을 것입니다.

먹어도 돼?

시판되는 막걸리의 유해 논란

입국(쌀누룩)으로 막걸리를 만드는 대부분의 양조장은 지속적인 공급과 판매 증진을 위해 매일 많은 양의 막걸리를 만들고 있습니다. 그리고 최대의 수율을 뽑기 위해 노력하다 보니 그만큼 수율은 확보되었지만, 맛은 별로 없습니다.

이 상태로 시판되면 아무도 사 먹지 않을 정도입니다. 그래서 이런 맛을 보강하기 위해 감미료(아스파탐 외) 및 MSG 등을 첨가합니다. 그렇게 막걸리에 들어가는 여러 가지 첨가물에 대해 정부는 인체에 해가 없다고 발표하고 막걸리 회사도 안전하다고 대대적으로 홍보하고는 있지만, 안 들어가도 될 첨가물이 들어가니 찜찜한 것은 사실입니다. 마치 엄마가 아이들에게 과자 사 먹이기 싫은 것과 같은 마음일 것입니다. 집에서 만드는 음식처럼 천연 재료만 써서 만들어 먹을 수만 있다면 얼마나 좋을까요?

시판되는 막걸리에 들어가는 대표적인 첨가제

1 아스파탐

인공 감미료로 우리나라에서 널리 쓰이는 아스파탐은 쓴맛이 적어
널리 쓰이는 합성 감미료입니다. 한때 아스파탐을 탄 우리 소주가 전
세계적으로 절찬리에 판매된 적이 있습니다.

2 스테비오사이드

남아메리카 파라과이가 원산지인 국화과 여러해살이풀인 스테비아
(Steviarebaudiana)의 잎에 함유된 글리코시드로서 설탕의 약 300배에
달하는 단맛을 내는 천연 감미료입니다.

3 수크랄로스

수크랄로스는 설탕보다 600배 높은 단맛을 주는 대체 감미료로, 아
스파탐보다도 3배 당도가 높은 물질입니다. 국내에서 식음료 등에 단
맛을 내기 위해 폭넓게 사용되고 있습니다.

4 MSG(페닐알라닌 외)

막걸리에 감칠맛을 내기 위해 자주 쓰이는 인공 조미료입니다.

술이야? 영양제야?

막걸리와 건강

사람들은 말합니다. 술을 논하면서 건강을 이야기하는 것은 바보 같은 생각이라고 말입니다. 맞습니다. 정신보건학 쪽으로 보면 음주의 양이 많을수록 짐승에 가까워지고 민폐를 끼칠 확률이 높아지며, 임상학적으로 살펴보면 음주의 횟수와 양이 신체건강과 직결되는 각종 통계들을 적나라하게 볼 수 있습니다.

그러나 적당한 양의 와인을 꾸준히 먹으면 심혈관 질환을 예방한다는 기사처럼 음주의 양이 적절하면 몸에 이로울 수도 있다고 이야기합니다. 특히 와인에 없는 막걸리의 주요 성분 중 하나인 아밀라아제는 우리 인체에서도 생산되는 대표적인 소화효소입니다. 식사 중 적절한 한두 잔의 막걸리는 소화에 도움을 줄 수 있습니다.

막걸리의 효능

막걸리는 피로회복을 도와주는 아미노산과 알라닌, 유기산, 비타민 등이 풍부해 피로를 회복하는 데 도움이 됩니다. 또한, 요산의 수치를 감소시켜 통풍 치료 및 예방에도 도움이 됩니다.

식이섬유가 풍부해 대장운동을 원활하게 하며 변비를 막아주기 때문에 다이어트에도 효과적입니다. 생막걸리에 풍부하게 함유되어 있는 유산균은 몸의 면역력을 향상시켜 각종 세균이나 바이러스에 대한 저항력을 강화시키고 질병을 예방합니다.

막걸리에 함유된 비타민 B, 페닐알라닌은 피부의 재생을 도와 매끈하고 탄력 있는 피부를 만들어줍니다. 또한 멜라닌 색소의 침착을 막아 기미나 주근깨 등에 좋고, 맑고 투명한 피부를 만들어줍니다. 필수 아미노산인 메타오닌은 간에 지방이 쌓이는 것을 막아주고 간기능을 활성화시키며 간세포 재생을 도와줍니다.

막걸리에 들어 있는 스쿠알렌은 항산화 및 항암, 항종양 등에 효과가 있으며, 막걸리에 함유된 파네졸 성분은 암세포의 성장을 억제시켜 암을 예방해줍니다. 그리고 베타시토스테롤 성분은 위암 예방에 효과가 있는 것으로 최근에 확인이 되었습니다.

풍류와 낭만 그리고 과학

경주 포석정

유상곡수의 정점을 보여주는 포석정은 신라시대 남산신의 제사를 올리는 곳이었으며, 귀족들은 둘러앉아 연회를 즐기기도 했습니다.

▲ 경주 포석정(출처 : 국립중앙박물관)

포석정 실측 사양

- **물길의 너비** : 약 30cm
- **물길의 깊이** : 약 20cm
- **물길의 높낮이 차** : 약 5.9cm
- **물길의 길이** : 약 22m
- **물길의 형태** : 타원형에 가까움.
- 술잔의 크기와 양에 따라 흐르는 속도와 시간이 다름.

옛날 옛적 금주령

목숨 걸고 술 마시던
그때 그 시절

가양주 문화가 찬란한 꽃을 피웠던 조선시대도 나라에 흉년이 든 다음 해는 백성의 주식인 쌀의 안정적인 소비를 위해 술의 주 원료인 쌀로 술 빚는 것을 (예외는 있었지만) 적극적으로 통제했습니다. 특히 개인적인 몸 관리에 신경을 많이 쓰고 조선의 왕 중에서 근검절약하기로 유명했던 영조는 즉위 때부터 "술을 조선에서 몰아내겠다"고 천명하며 상당히 오랜 기간 재위하면서 금주령을 시행했습니다.

또한 직위고하를 따지지 않고 음주행위에 따라 참수부터 귀양까지 다양한 처벌을 내렸다는 이야기가 전해져 내려오고 있습니다. 이렇게 막강한 금주령을 거의 재임기간 내내 시행했던 영조는 자신을 철저히 관리한 덕분에 장수했습니다. 무려 52년이나 왕위에 있었으니 백성들은 다들 몰래 숨어서 술을 마셔야 했던 정말 갑갑한 시절이었을 것입니다. 언제든지 원하는 시간에 원하는 술을 원 없이 마시는 우리로서는 이해되지 않는 옛날이야기일 뿐입니다.

▲ 조선 제21대 왕, 영조 초상
(출처 : 국립중앙박물관)

선조들의 놀라운 지혜

진보된 조선 후기 주막

조선 후기 주막에는 영수증이 체크카드처럼 이용되는 운영방식이 있었습니다. 이 내용은 1903년 가을, 조선을 방문한 러시아 치하의 폴란드 민속학자 바츨라프 세로셰프스키의 저서 《코레야 1903년 가을》을 통해 알려졌습니다. 선결제와 차감하는 방식이 현재와 견주어 봐도 손색없는 신용거래 시스템입니다.

여행을 하면서 시작하는 첫 주막에 본인이 예상하는 여행 경비를 선지급하고 받은 영수증에 이용하는 주막마다 이용 금액을 기재해 요즘 시대의 체크카드처럼 정산하는 방식이었다고 합니다.

이용 중 일정이 변경되거나 취소되어서 잔액을 환불받고 싶으면 마지막으로 머무른 주막에서 잔액을 돌려줬고, 주막의 최종 정산은 당시 체계적인 조직력을 갖췄던 보부상이 맡았다고 합니다. 이렇게 규모가 크고 조직적이었던 조선 후기 주막은 숙박과 음식, 그리고 술을 파는 일 외에 당시 유명무실해지기 시작한 파발(조선 후기에 공문을 급히 보내기 위해 설치한 역참)을 대신한 우편업무 및 응급환자의 병원 역할도 했다고 합니다.

▲ (출처 : 〈EBS 역사채널e〉, '오늘 밤 어디서 묵을까?')

들어가며, 술 빚기 전 막걸리를 이해하기 위한 페이지

일본 술은 원래 우리 술

수수보리를 아시나요?

수수보리(한자로는 '인번(仁番)'이라고도 하며, '수수허리' 또는 '수수코리'라고도 불림)는 일본에 술을 전파한 백제인으로 널리 알려져 있습니다. 당시 일본왕인 응신천황의 입을 사로잡아 총애를 받았으며, 이후 주신으로 모셔졌다고 합니다(일본 《고사기》, 712). 이렇게 응신천황의 총애를 받은 수수보리는 현재 사카 신사에 모셔져 있습니다. 다음 사진의 마츠오 대사는 701년 신라계 진씨가 교토에 세운 신사입니다.

마츠오 대사는 일본 전국에서 제일 높은 술의 신을 모시는 신사로 알려져 양조업자들 사이에서는 널리 우러러 받들어지고 있습니다.

▲ 마츠오 대사 입구 전경

▲ 마츠오 대사 내에 있는 술을 바치는 곳

"須須許里が

수수코리가

醸みし御酒に

빚은 술에

我酔ひにけり

나는 완전히 반했네.

事無酒笑酒に

마음이 여유로워지는 술, 웃음이 나는 술에

我酔ひにけり"

나는 완전히 반했네.

* 응신천황이 수수보리 술을 마시고 기분 좋아 부른 노래

근대문화유산

조선주조주식회사

▲ (출처 : 군산 근대사박물관)

찬란했던 조선시대의 가양주 문화를 뒤로한 채 일제강점기에는 등록된 업체만 술을 빚을 수 있게 했습니다. 이로 인해 가양주나 소규모 주조는 밀주로 불법화되고 양조업과 판매업이 분리된 양조산업과 주류 판매상이 등장하게 되었습니다.

▲ (출처 : 군산 근대사박물관)

　박물관에 전시되어 있는 1930년대 우리나라의 다양한 술병들입니다. 전통적인 우리의 술병 외에 일본의 도쿠리를 연상시키는 병도 있습니다. 대체로 병들의 모양은 참 예쁘지만, 세척이 어려운 형태입니다.

나그네

박목월

강(江)나루 건너서
밀밭 길을

구름에 달 가듯이
가는 나그네

길은 외줄기
남도(南道) 삼백리(三百里)

술 익는 마을마다
타는 저녁놀

구름에 달 가듯이
가는 나그네

花香百里

화 향 백 리

꽃의 향기는 백 리를 가고

酒香千里

주 향 천 리

술의 향기는 천 리를 가며

人香萬里

인 향 만 리

덕의 향기는 만 리를 간다.

술 빚기 전의 마음가짐
평온한 마음으로 술 빚기

몇 해 전, MBC에서 한글날 특집으로 방영한 〈말의 힘〉이란 프로그램을 통해 재미있는 실험을 하나 했습니다. 뽀얀 쌀밥을 지어 차게 식힌 다음 두 개의 깨끗한 용기에 넣고 뚜껑을 열어 한쪽 밥에는 좋은 말, 한쪽 밥에는 나쁜 말을 매일 해줬다고 합니다. 그렇게 한 달이 지나고 상태를 확인했을 때 욕했던 밥은 검은색을 띠며 썩어 있었고, 칭찬해준 밥에는 구수한 누룩 냄새가 나고 하얀 곰팡이가 피었다고 합니다.

사람의 몸에서 나오는 기운이 자연이나 타인에게 어떤 영향을 끼칠 수 있나를 볼 수 있는 대표적인 예입니다.

우리도 예로부터 술을 빚을 때 금기사항이 있었습니다. 심하게 다퉜거나 머리에 떠나지 않는 고민이 있거나 피를 봤거나 심란한 꿈을 꾸게 되면 술을 빚지 않았습니다. 술 빚는 사람의 마음 상태가 술맛에 직접

적으로 영향을 미치기 때문입니다. 그러므로 좋은 술을 빚기 위해서는
각자 심신수련을 하고, 도를 닦는 마음으로 평온하게 술을 빚어야 좋
은 술이 만들어질 것입니다.

▲ (출처 : MBC 〈말의 힘〉)

제대로 알고 빚읍시다

술 빚기는 과학입니다

영문도 모르고 그저 옛날에 어머니가 또는 스승님께서 그렇게 저렇게 했다는 말로 술 빚는 노하우를 배우던 시대는 지났습니다. 유럽의 와인, 맥주 그리고 일본의 사케는 이미 오래전부터 많은 연구와 검증을 걸쳐 과학적이고 안정적인 술로 세계적으로 인정받았습니다. 이제 우리 술도 세계적으로 인정받으려면 보다 더 체계적이고 과학적인 안정성을 확보해야만 합니다. 그리고 술 빚는 단계를 분명하고 효율적으로 관리해야 합니다.

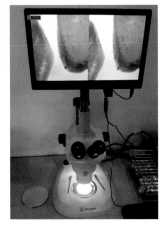

▲ 전자현미경

술 빚기 전 곰팡이가 제대로 접종되었는지 최첨단 전자현미경으로 실시간으로 촬영해 확인할 수 있으며, 사진으로 남겨 참조할 수도 있습니다.

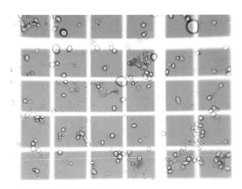

▲ 막걸리에서 발견된 효모

현미경으로 본 막걸리에 있는 효모라는 미생물입니다. 이 효모가 고두밥에서 만들어지는 포도당을 이용해 알코올을 생산합니다. 그러므로 효모의 개체수가 많을수록 발효에 유리합니다.

이 정도는 알아야
술은 이렇게 만들어집니다

술을 만들기 위해서는 포도당이 필요합니다. 와인은 포도즙에서 얻고 우리의 막걸리는 곡물에서 얻습니다. 막걸리를 빚을 때 넣는 누룩에 있는 효소가 쌀의 전분질을 분해해서 포도당으로 만들어줍니다. 그리고 누룩에 있는 효모가 포도당을 이용해 에탄올을 만들게 됩니다.

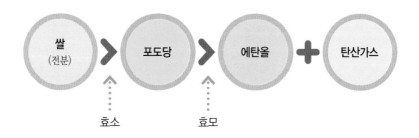

막걸리를 빚는 항아리에서는 무슨 일이?

우리가 빚는 막걸리가 항아리 안에서 어떻게 진행되는지 누구든 궁금할 수밖에 없을 것입니다. 어떤 분들은 직접 확인하기 위해 투명용기에 술을 빚기도 합니다. 이렇게 궁금해 하는 것은 막걸리를 제대로 빚으려고 하는 사람으로서 매우 좋은 자세라 생각합니다. 뭐가 어떻게 만들어지는지 공학적인 수준까지 이해할 필요는 없지만, 기본과정 정도는 알고 있어야 합니다.

1단계 젖산 발효

막걸리를 빚는 초기에는 발효 용기 안에서는 젖산발효가 일어납니다. 젖산발효는 발효 용기 내 Ph를 4 이하로 떨어뜨려 잡균의 번식을 억제해 효모들이 살기 좋은 환경을 만들어줍니다.

2단계 알코올 발효

서서히 번식을 하기 시작한 효모들은 효소가 만들어주는 포도당을 이용해 알코올을 만드는 과정을 진행합니다.

3단계 초산 발효

초산 발효는 완성된 막걸리가 초산에 의해 식초화가 진행되는 과정입니다.

위대한 쌀?

뭐 하나 버릴 게 없네!

　술을 빚으면서 쌀을 다루다 보니 재미있는 일들이 생깁니다. 쌀뜨물로 천연 탈취제도 만들고, 살충제도 만들며, 술을 짜고 남은 지게미로 최고급 퇴비도 만들고, 비누도 만들며, 과자도 만듭니다. 옛날 술 빚을 때와는 달리, 요즘은 정말 버릴 게 하나도 없습니다.

　특히 화학물질에 다양하게 노출되는 요즘, 예전보다 건강을 중요시하는 현대인에게 몇몇 부분에서 대안이 될 수 있는 솔루션을 제공해줍니다.

▲ 채주가 다 끝나고 남은 술지게미

쌀로 할 수 있는 것들 - 하나

EM 효소액 만들기(첫 번째 쌀뜨물은 버립니다)

1단계 2ℓ 페트병에 쌀뜨물을 80%를 넣습니다.

2단계 당밀 또는 흑설탕을 밥숟갈로 두 숟갈 정도 넣습니다.

3단계 EM 원액을 페트병 뚜껑으로 5~6번 넣고 잘 섞은 후 뚜껑을 닫습니다.

4단계 5~7일 지난 후 새콤달콤한 냄새가 나고 가스도 거의 나지 않으면 EM 효소액이 완성됩니다.

🔍 여기서, 잠깐!

> 하나. 2~3일에 한 번씩 가스를 꼭 배출해줘야 합니다.
> 둘. 25~35도를 유지하고 응달에서 발효합니다.

완성된 EM 효소액 일상생활에서 활용하기

청소할 시 EM 효소액을 10~100배 정도 희석한 물에 적신 걸레로 냉장고, 자동차, 유리 등을 닦는 데 사용합니다.

화분에 사용 시 EM 효소액을 1,000배 정도 희석시켜 화분에 뿌려주거나 화초의 잎에 뿌려줍니다.

음식물 쓰레기에 사용 시 EM 효소액을 100배 정도 희석시켜 음식물 쓰레기에 촉촉하게 뿌려주면서 악취를 없애줍니다. EM 효소액으로 처리한 음식물 쓰레기는 고급 퇴비로 사용할 수 있습니다.

애완동물에 사용 시 EM 효소액을 100배 희석한 원액을 애완동물의 집이나 몸에 직접 뿌려주면서 악취를 없애줍니다. 애완동물의 건강을 유지하는 데 도움이 됩니다.

쌀로 할 수 있는 것들 - 둘

막걸리 비누 만들기(MP 비누)

아토피에 좋고 특히 피부 클렌징에 아주 좋은 비누를 간단히 만들어봅시다.

▲ 완성된 막걸리 비누

1단계 직접 만든 막걸리를 햇볕에 건조한 뒤 남은 고형물을 곱게 가루를 냅니다.

2단계 시중에서 파는 비누베이스 1kg, 죽염가루 5g, 곱게 갈은 막걸리가루 20g, 아쿠아 세라마이드 4g, 라벤더 에센셜 오일 6g, 햄프씨드 오일 10g를 준비합니다.

3단계 비누베이스를 깍둑썰기 해 비커에 넣고 60도 정도로 가열해 녹입니다.

4단계 나머지 재료를 넣고 혼합이 잘되도록 잘 저어줍니다.

5단계 몰드에 녹인 비누를 붓고 신속하게 에탄올을 뿌려 비누 표면에 기포를 없애줍니다.

6단계 응달에서 비누를 완전히 굳히고(2~3일 소요) 비닐봉지나 랩에 밀봉합니다.

쌀로 할 수 있는 것들 - 셋

최고급 퇴비 만들기

EM 효소액으로 돈 주고도 사기 어려운 최고급 퇴비를 만들어봅시다.

1단계 살짝 말린 지게미와 원두커피 찌꺼기 그리고 황토를 각 1kg씩 준비합니다.

2단계 EM 효소원액 1ℓ와 곱게 간 천일염 10g을 준비합니다.

3단계 1단계와 2단계를 골고루 잘 섞어줍니다.

4단계 밀폐된 통 안에 넣고 2주일 이상 발효시킵니다(30도 이상 유지).

5단계 표면에 하얗게 곰팡이가 껴 있으면 잘 만들어진 것입니다.

▲ 퇴비 위에 곰팡이가 핀 모습

기뻐합시다

하우스 막걸리 합법화되다!

드디어 예전의 주막처럼 일반 음식점에서 직접 술을 빚어 팔 수 있는 일명 '하우스 막걸리 제도'가 시행되었습니다. 기존 양조장 시설기준보다 완화된 기준에 따라 소규모 주류 제조면허를 받으면 음식점과 일정 시설 및 조건을 갖춘 장소에서 자가 주조 및 매장 판매가 가능하고, 병입 판매로 다른 음식점에서의 판매도 가능하게 되었습니다.

비록 일제강점기 이전처럼 가가호호 술을 빚는 상황은 아니지만, 그나마 원하는 음식점에서는 가능하게 되었으니 다행이

라고 생각됩니다. 이렇게 자유로운 분위기가 된 만큼 주조자는 정성을 들여 최고의 술을 빚고 판매해야 할 것입니다.

주세법 시행령

1 소규모 주류 제조면허 및 판매범위 확대(주세법 시행령 4조)

현행	개정안
〈신설〉	• 소규모 주류의 제조면허 • 소규모 주류 제조면허 대상 주류 　– 탁주, 약주, 청주 및 맥주 • 판매범위 　– 자기 영업장 및 다른 사업자의 영업장에 판매 　　　* 식품위생법에 따른 식품접객업 영업허가를 받거나 영업신고를 한 자 　– 자기 영업장에서 판매 시 외부로 반출(병입 판매)하는 최종 소비자에게 판매 가능 • 소규모 주류제조자 제조장 시설기준 　– 일반적 시설기준보다 완화된 시설기준 적용 　* 소규모 주류 제조자의 저장용기 시설기준주종 |	맥주	당화·여과·자비조 등 : 0.5kL 이상 담금 및 저장조 : 5kL 이상~75kL 미만
탁주·약주 및 청주	담금(발효)·제성조 등 : 1kL 이상 ~ 5kL 미만 | • 주세 과세표준 　– (제조원가*+제조원가의 10%)×80/100 　* 원료비, 노무비, 경비 및 일반관리비

개정이유 소규모 주류 제조 활성화 지원

적용시기
• (제조면허 및 제조장 시설기준) 공포일 이후 신청하는 분부터 적용

• (판매범위) 공포일 이후 판매하는 분부터 적용

• (주세 과세표준) 공포일 이후 출고하는 분부터 적용

• (2018년 개정) 음식점 없이 주조장만 보유해도 소규모 주류 제조면허 취득 가능

㈜농업회사법인 솔마당

하우스 막걸리 국내 1호

　수원시와 의왕시 경계지역에 있는 지지대고개에 우리나라 소규모 자가주류 제조장(하우스 막걸리) 1호 솔마당이 있습니다. 음식점과 주조장, 그리고 누룩실을 자체적으로 운영하고 있는 곳입니다. 현재는 폐업을 한 상태입니다.

▲ 수원 솔마당

▲ 하우스 막걸리를 창업하려는 사람들이 주조장을 견학하는 모습

▲ 하우스 막걸리 주조장

▲ 숙성실과 발효실

  직접 디딘 누룩으로 술을 빚고 있어 누룩방에 대해 궁금해 하는 사람
들에게 좋은 자료가 되고 있습니다.

▲ 솔마당 약주 – 단미

솔마당에서 병입해 판매하는 약주입니다.

이름은 '단미'입니다. 맛이 은은하며 알코올 도수가 14% 정도 되는

고급 술입니다.

프랜차이즈 소규모 양조장

느린마을 양조장 3호점

▲ 느린마을 막걸리

충남 청주 오창에 창업한 배상면주가의 하우스 막걸리 주점 3호점입니다. 배상면주가의 느린막걸리 주조방식(술 만드는 방식)은 매우 간단하고 실패율이 낮아 술에 대해서 전혀 모르는 사업주도 창업하기 쉽습니다. 특히 배상면주가 본사의 편리한 행정적 지원(주조면허 관련)과 완벽한 주조장비 시스템을 지원받아 어려움 없이 창업해 자가 주조를 하고 판매할 수 있어 좋습니다.

▲ 느린마을 양조장

　　매장 안에는 발효 및 숙성까지 원스톱으로 할 수 있는 다용도 발효
용기가 나란히 장착되어 있습니다. 매장의 인테리어도 모던하고 발효
장비들이 눈에 잘 보이게 되어 있어 시각적인 즐거움도 주고 있습니다.

보기 좋은 떡이 먹기도 좋다

술맛만큼 포장도 예쁘게

▲ 다양한 술병 디자인

보기 좋은 떡이 먹기도 좋습니다. 동서고금, 남녀노소를 막론하고 어디서나 통용되는 만고의 진리입니다. 그러므로 자신이 빚은 술의 이름, 술병 모양, 포장 방법, 술잔까지 정성을 다해야 합니다. 그래야 그 소중함을 공유할 사람에게 판매하게 될 것이며, 비로소 나의 술이 가치가 있고 널리 알려지게 되는 것입니다.

▲ 다양한 디자인의 술병들

1장

전통주를 제대로 만들기
위한 사전지식

최고의 술을 만들기 위한 필수코스

미리 설계하는 맛 디자인

맛을 디자인하는 과정은 막걸리 및 전통주를 빚으면서 가장 중요한 과정 중 하나입니다. 시작단계부터 어떤 맛을 낼 것인지, 이 술을 마실 대상을 어떻게 설정할지, 양을 얼마나 할 것인지 등 주조자 본인이 결정해야 할 것들이 많습니다. 그리고 음식점을 운영하고 있거나 특정 주제의 음식점을 새로 운영하고 싶다면 음식점의 지역적·환경적 특성을 잘 살피고, 손님들이 원하는 것이 무엇인지 파악하는 것도 중요한 일입니다.

또 하나 중요한 것은 내가 빚은 막걸리 중 대표 막걸리를 정하고, 항상 일정하게 술맛을 유지해야 한다는 것입니다. 대표 막걸리는 그 집의 대표 맛이고, 맛이 변하면 손님을 잃을 수도 있습니다. 이런 일련의 과정들은 단순히 계획만 세운다고 되는 것은 아닙니다. 많이 빚어보고 많은 사람들에게 시음하게 한 후, 여러 의견을 종합해 술에 적용해야 합니다.

1단계 맛 결정하기

가장 어려운 문제 중 하나입니다. 술이 약한 분들이 좋아하는 달달하며 비교적 순한 막걸리를 빚을 것인지, 아니면 남성들이 선호하는 알코올 도수가 높은 막걸리를 빚을 것인지 결정을 내려야 합니다.

맛을 결정 짓는 물과 쌀의 양

단맛	물의 양 < 쌀의 양
쌉쌀한 맛	물의 양 > 쌀의 양

2단계 추가 재료의 양 조절하기

막걸리를 빚을 때 기본 재료 외에 맛과 향을 내기 위해 투입되는 추가 재료는 가수할 것을 대비해 양을 적당히 조절해야 가수 후에도 본연의 맛을 유지할 수 있습니다.

3단계 적절하게 가수하기

완성된 막걸리에 가수할 때는 가수공식에 따라 '정확하게', '욕심내지 않는' 마음가짐을 가져야 합니다.

이윤만 생각하고 물을 많이 타면 맛이 어떻게 될까요? 싱겁고 물맛만 나고, 아무도 사 먹지 않게 될 것입니다.

오염 방지
술과 위생

　막걸리를 한번 빚는 데는 많은 양의 시간과 정성과 비용이 투입됩니다. 그렇게 정성스럽게 빚은 막걸리가 위생에 등한시한 탓에 오염되는 것은 물질적인 면에서나 정신적인 면에서나 막걸리를 빚는 사람에게는 일어나면 안 되는 일입니다. 이런 불상사를 방지하기 위해 항상 지켜야 할 것들이 있습니다.

　왼쪽 사진의 발효 용기는 철의 함량 비율이 적은 국내산 스테인리스입니다. 자체 잠금장치와 에어락이 있어 안정적인 발효가 가능합니다.

▲ 스테인리스 발효 용기와 에어락

1 발효 용기 및 도구들을 제대로 소독해야 합니다

발효 용기나 채주할 때 사용하는 도구들을 소독하지 않으면 그 균들로 인해 술이 시어지거나 산폐할 수 있습니다. 이렇게 오염된 술은 맛도 나쁠 뿐더러 몸에도 좋지 않습니다. 사전에 식용 알코올(70%)이나 삶는 방법을 통해 오염을 제거하고 깨끗이 말려야 합니다.

2 손을 항상 깨끗이 씻어야 합니다

대부분 최초 오염은 손에서 비롯됩니다. 술을 빚을 때는 항상 손을 깨끗이 씻고 건조한 다음, 작업을 시작해야 합니다.

3 검증된 누룩을 사용합니다

시중에 판매되는 누룩이 다 좋은 누룩은 아닙니다. 누룩이 역가가 떨어지거나 오염된 누룩일 수 있으므로 구매할 때 항상 조심해야 합니다. 또한 집에서 직접 누룩을 만들 때도 마찬가지입니다.

4 항상 발효 용기를 깨끗이 합니다

술을 빚는 동안 발효 용기 안쪽 벽이 지저분해질 수 있습니다. 지저분해진 벽에서부터 오염이 시작될 수 있어 항상 깨끗하게 닦아줘야 합니다.

5 발효 용기는 가급적 뚜껑을 닫아줘야 합니다

발효하는 동안 발효 용기는 발효 중 발생하는 탄산이 빠질 정도의 틈이나 에어락 등의 장치를 한 뒤 가급적 공기와 차단시켜야 외부오염으로부터 안전할 수 있습니다.

알아두면 좋습니다

전통주 주조 계량단위

전통주를 빚을 때 우리는 흔히 말, 되 등의 계량단위를 사용하곤 합니다. 하지만 이는 현재 법정계량단위가 아닙니다. 《산가요록》이나 《음식 디미방》 등 고문헌에 기록된 계량단위로 현재와 비교해 계량기준도 다르고, 지역별로도 조금씩 차이가 납니다. 곡물이나 액체별로도 다르게 사용되어왔기 때문에 고문헌을 해석할 때 외에는 가급적 사용을 자제해야 합니다.

▲ 됫박

▲ 계량기

단위	고문헌 시대 용량	일제강점기 이후		비고
		대두	소두	
말(두 斗)	6ℓ	18ℓ	9ℓ	1말 = 10되, 1되 = 10홉 고문헌에서는 동이(분 盆), 대야(반 盤), 병(瓶), 복자(선 鐥), 사발, 주발 등의 다양한 비표준용기를 사용했습니다. 따라서 현대의 계량기준에 따른 실제 용량을 잘 고려해야 합니다.
되(승 升)	0.6ℓ	1.8ℓ	0.9ℓ	
홉(합 合)	60㎖	180㎖	90㎖	

'되'를 '부피' 단위로 환산하면 다음과 같습니다.

부피/무게 환산	물 1되	쌀 1되	누룩 1되	비고
대두 기준 (1.8ℓ)	1.8Kg	1.6Kg	1.2Kg	지역에 따라 다른 기준으로 사용
소두 기준 (0.9ℓ)	0.9Kg	800g	600g	

계량 시 나타날 수 있는 혼돈을 피하기 위해, 술을 빚을 때는 부피나 무게의 단위를 전 세계 공용계량 단위인 리터(ℓ)나 그램(g), 킬로그램(kg) 등의 미터법으로 사용하시기 바랍니다.

막걸리의 주재료

술 빚기 좋은 쌀 고르는 법

막걸리의 주재료는 쌀입니다. 쌀 속의 전분을 이용해 술을 빚는데 쌀의 상태에 따라 주질이 현격히 달라질 수도 있습니다. 그렇다면 가장 좋은 쌀은 무엇일까요? 두말할 것 없이 국내산 쌀입니다. 거기다가 햅쌀이 좋겠죠. 그리고 도정한 지 한 달 이내의 쌀, 이렇게 세 박자가 갖춰지면 술을 빚기 위한 최고의 쌀이라고 말할 수 있습니다. 그리고 가급적 쭉정이가 적은 쌀이 좋습니다.

가끔 양심 나쁜 분들이 쭉정이를 듬뿍 넣은 쌀을 먹고살아야 한다는 미명 하에 상당량을 넣고 나몰라라 하고 팝니다. 특히 직접 보지 않고 구매하는 쌀은 조심해야 합니다.

멥쌀과 찹쌀의 차이점

멥쌀과 찹쌀은 쌀알의 투명한 정도로 쉽게 알 수 있습니다. 찹쌀은 뽀얗고 불투명하며 멥쌀은 투명한 정도가 높습니다. 쌀에 있는 녹말은 아밀로오스와 아밀로펙틴 두 가지입니다. 찹쌀은 대부분 아밀로펙틴으로 구성되어 있고, 멥쌀은 아밀로오스가 대략 20% 정도, 아밀로펙틴이 80% 포함되어 있습니다.

술을 빚을 때 찹쌀을 주재료로 사용하는 게 좋습니다. 찹쌀로 술을 빚으면 멥쌀로 술을 빚을 때보다 훨씬 맛이 풍부하고 감칠맛이 납니다. 왜 그럴까요? 정답은 찹쌀에는 밀가루의 글루텐처럼 찰기를 담당하는 아밀로펙틴이 멥쌀보다 20% 더 많기 때문입니다. 특히, 찹쌀에는 비타민 B1, B2 등이 풍부하게 들어 있어 우리 몸의 피로회복을 돕고 생체 활성도를 높여 기운 나게 합니다.

▲ 멥쌀

▲ 찹쌀

막걸리의 주재료

좋은 물 고르는 법

명배우 전광렬 씨가 주연한 〈허준〉이라는 드라마를 보면 허준이 유
의태에게 쫓겨나는 장면이 있습니다. 이유는 약을 다리기 위해 매일 꼭
두새벽 깊은 산속 옹달샘에서 물을 길어와야 했지만, 허준은 그를 시기
하는 무리들에게 속아 개천물을 길어왔고 이 물맛을 본 유의태가 격노
한 것입니다.

술을 빚는 물도 마찬가지입니다. 우리 선조는 가능한 한 최고의 물
을 찾기 위해 노력했습니다. 요즘도 술을 지극정성으로 빚으시는 분들

은 술 공장을 짓기 전에
좋은 수원지를 찾아 오랜
기간 답사를 다닙니다.
그러나 술 빚는 공부를
하는 우리가 현재 쓸 수

있는 물은 두 가지 종류밖에 없습니다.

첫 번째는 수돗물입니다. 가장 흔하게 구할 수 있는 물입니다. 우리나라 수돗물은 단물(연수)에 속합니다. 미생물들의 먹이인 미네랄이 많이 없기 때문에 경수를 썼을 때보다 알코올 도수가 비교적 낮은 도수의 술이 나옵니다.

두 번째 물은 국내에서 시판하는 생수입니다. 생수는 미생물들의 먹이인 미네랄이 자연 그대로 적절히 들어 있는 물로서 연수 또는 약한 경수이며, 수돗물보다 미생물 생육에 좋을 수 있습니다.

연수와 경수는 어떻게 구분할까요?

물의 경도는 물에 포함된 칼슘과 마그네슘의 양을 의미하며, 함유 정도에 따라 단물(연수), 센물(경수)로 구분합니다. 이는 탄산칼슘으로 환산해 나타낸 값이므로, 탄산칼슘 함유량에 따라 연수와 경수로 분류하게 되는 것입니다. 따라서 경도의 표기 단위는 mg/L 및 $CaCO$가 되며, mg/L(ppm)로 표기하기도 합니다.

연수는 일반적인 경도가 90mg/L 이하인 물을 말하며, 경수는 경도가 200mg/L 이상인 물을 말합니다. 한국과 일본의 기준은 300mg/L 이하이며, 보통 우리가 마시는 수돗물은 70~100ppm 정도이므로 연수에 해당됩니다. 경수와 연수는 맛에서도 차이가 있는 만큼 그 쓰임새도 저마다 다릅니다.

어떤 게 좋을까요?

나에게 맞는 발효 용기 고르기

 우리 술인 막걸리를 빚는 데는 당연히 우리 전통 항아리가 좋습니다. 유럽의 오크통과 비견되는, 우리나라의 항아리는 '숨을 쉰다'는 아주 뛰어난 특징이 있습니다.

 그러나 위생상 항아리에 술을 빚는 것은 초보자들에게는 상당히 위험할 수 있습니다. 전문가 내지는 달인이 되기 전까지는 가급적 위생에 안전한 스테인리스통이 좋습니다. 저가형 스테인리스통은 철의 함량이 높아 막걸리 맛을 해칠 수 있고, 미생물에도 좋지 않습니다. 가급적 국내산을 쓰는 게 좋습니다. 조금 비싸긴 하지만 밀폐장치가 있는 통이 오염에서 보다 안전할 수 있습니다. 그리고

막걸리를 빚는 용기는 70% 이상 채우면 발효 중 넘칠 수 있으므로 한번에 빚는 양에 맞춰 용기를 준비하는 게 좋습니다.

대표 발효 용기의 장단점

▲ 전통 항아리

- **장점** : 숨구멍이 있어 미생물 생육에 유리합니다. 온도 변화에 민감하지 않아 안정적입니다.
- **단점** : 살균, 소독이 어렵습니다. 무겁고 깨지기 쉽습니다.

▲ 스테인리스 발효 용기

- **장점** : 살균, 소독이 용이합니다. 가볍고 깨지지 않습니다.
- **단점** : 금속이기에 온도 변화에 민감합니다. 철이 함유되어 있어 미생물 생육이 저하될 수도 있습니다.

▲ 투명 유리병

- **장점** : 살균, 소독이 용이합니다. 발효되는 과정을 지켜볼 수 있습니다.
- **단점** : 얇아서 온도 변화에 민감합니다. 깨지기 쉽습니다.

이제, 누명을 벗읍시다

항아리와 유약 사이

우리가 막걸리를 빚으며 전통이라는 대의명분을 앞세우려면 항아리에 빚어야 하는 게 맞습니다. 항아리에 막걸리를 빚으면 그 맛이 다른 용기에 빚을 때보다 좋은 것은 한번이라도 해본 이들은 다 압니다. 그렇다면 어떤 항아리가 좋은 항아리일까요?

요즘 항아리들은 안 좋다고 하던데 왜 그럴까요? 그렇다면 좋은 항아리를 고르는 방법은 무엇일까요? 좋은 항아리를 고르기 위해서는 첫째, 모래의 함량을 잘 알아야 합니다. 백자, 청자 같은 관상용 도자기는 모양을 따지다 보니 성형이 쉬운 고운 점토를 주로 이용하지만, 일반 항아리

▲ 여러 모양의 항아리

는 숨을 쉬는 용기여야 하기 때문에 밀도가 높은 고운 점토보다 모래를 씁니다. 그러므로 항아리는 모래의 함량이 무엇보다도 중요합니다.

둘째, 항아리 표면에 바르는 유약에 대해서 잘 알아야 합니다. 제대로 만든 유약을 잘 바른 항아리어야 작업환경 및 외부환경의 오염으로부터 긴 시간 동안 잘 버틸 수 있습니다. 이러한 좋은 유약은 약토(흙)와 나뭇재로만 만듭니다.

광명단 파동

1978년에 옹기에서 중금속이 유출되었다고 해서 옹기제조업자들이 구속되었던 일입니다. 원래 전통옹기에 바르는 유약은 화학제품을 쓰지 않습니다. 약토와 나뭇재만을 사용합니다. 항아리에 천연 유약을 발라야만 반영구적으로 각종 절임 재료를 견뎌내게 됩니다. 그러나 그 당시 무지하고 돈에 눈이 먼 몇몇 옹기업자들이 낮은 온도로 구워도 약토를 바른 것처럼 광을 내주는 인체에 유해한 화학물질인 광명단을 이용해 항아리를 만들었고, 결국 발각되어 구속되었으나 유해성분의 양이 기준치를 넘지 않아 무마되었습니다. 그러나 이 사건으로 인해 사람들은 항아리를 멀리하고 플라스틱이나 스테인리스 재질의 용기를 주로 쓰기 시작했습니다. 이렇게 항아리의 수요가 줄면서 한때는 400개가 넘던 옹기업체들이 폐업해 이제는 50여 개만 남는 상황에 이르렀습니다.

좋은 항아리 고르는 법

1 표면은 유약을 발라 잘 다듬었지만, 약간씩 오톨도톨 튀어나온 부분이 느껴지는지 확인합니다.

2 항아리 내부에는 모래가 튀어나와 작은 돌기가 조금씩 있는지 확인합니다.

3 흙과 나뭇재로만 만든 천연 유약을 바른 옹기인지 확인합니다.

MEMO

각 지역의 주식으로 만드는

술 빚는 데 들어가는 기타 곡식

먹고사는 게 절실했던 옛날에는 사대부나 대부호처럼 가진 사람이 아니면 쌀로 술 빚기가 그리 녹록지 않았을 것입니다.

현재 우리 전통주라 불리는 많은 술은 지역의 특성에 따라 쌀 외에 그 지역에서 주로 생산되는 기타 곡식들로 만들어왔습니다. 강원도 골짜기에서는 자투리 땅에서도 잘 자라는 옥수수, 감자가 주식이었고 이를 이용해 술을 빚어 먹었습니다. 쌀은 명절 때나 한번 먹어볼까 하는 대단한 음식이었죠. 이런 애환을 담은 옥수수 막걸리는 현재 강원도 대표 막걸리가 되어 많은 사람들의 사랑을 받고 있습니다.

제주도도 강원도와 다를 바 없습니다. 물이 귀한 섬이었던 제주

▲ 오메기 술(제주도)

도에서는 가물어도 비교적 잘 자라는 차조로 술을 빚었습니다. 그 술은 현재 '오메기 술'이라 불리고 있습니다.

수수

중국에서 고량주를 만들 때 많이 쓰이는 작물입니다. 수수는 약성보다는 첨가하게 되면 예쁜 붉은색을 띠기 때문에 술을 만들 때 많이 첨가합니다. 수수는 껍질이 단단하고 섬유질이 많아 잘 쪄지지 않습니다. 그렇기 때문에 술을 만들 때는 가루를 내서 찌거나 팽화수수로 만들어 쓰면 좋습니다.

메밀

메밀은 막걸리를 빚을 때 쓰는 중요한 원료 중 하나입니다. 메밀을 이용해 막걸리를 빚을 때는 메밀가루와 쌀가루를 합쳐 설기를 만들어 막걸리를 빚습니다. 메밀의 특이한 맛이 매력적입니다.

고구마

남부지방에서 주로 재배되는 고구마는 다른 원료보다 탄수화물의 비율이 적기 때문에 쌀이나 밀가루처럼 전분 비율이 높은 원료를 65~70% 정도 첨가해야 제대로 술이 됩니다. 일본에서는 고구마를 이용해 술을 만들어 증류한 고구마 소주가 많이 팔리고 있습니다.

옥수수

강원도의 대표적인 산물이고 주 식량이었던 옥수수는 현재 많은 곳에서 막걸리로 빚어 팔고 있습니다. 대부분이 식이섬유인 껍질을 제거하고 알갱이로만 만듭니다.

감자

감자는 고구마보다 탄수화물의 양이 더 적은 술 원료입니다. 탄수화물이 높은 부재료와 함께 발효해야 합니다(3:7 비율). 현재 감자로 막걸리를 빚는 곳은 거의 없습니다.

MEMO

발효이론1

전통누룩은 천연 발효제

누룩이란 막걸리를 빚을 때 쓰이는 효소를 지닌 곰팡이를 곡류에 자연 번식시켜 만든 천연 발효제입니다. 분쇄한 통밀이나 쌀, 밀가루 등을 반죽해 모양을 만들고, 이 안에서 곰팡이는 전분을 이용하기 위해 효소를 분비합니다. 그리고 포도당을 이용해 알코올을 만드는 효모도 자연접종 및 배양되어 효소와 함께 존재하게 됩니다.

▲ 전통누룩

우리나라 대표 통밀누룩

송학곡자

'소율곡'이라고도 합니다. 현재 오픈마켓에서 활발히 판매되고 있습니다. 수입 밀누룩과 국내산 밀누룩 두 가지를 판매하고 있습니다.

산성누룩

당화력이 막강한 유명한 누룩입니다. 현재 오픈마켓에서 활발히 판매되고 있습니다. 수입 밀누룩과 국내산 밀누룩 두 가지를 판매하고 있습니다.

진주곡자

앉은뱅이 밀로 만든 누룩이 유명한 곳입니다. 10kg 단위로 판매하고 있으며, 전통주 애호가들이 주로 구매하고 있습니다.

막걸리(단양주)를 빚을 때 효모와 개량누룩은 꼭 넣어야 하는가?

네, 꼭 넣어야 합니다.

우리가 구매해서 사용하고 있는 누룩은 효모의 개체 수가 적습니다. 이렇게 효모의 개체 수가 적은 누룩으로 막걸리를 빚다 보니 술이 시어질 뿐만 아니라 완성된 술의 주질이 안 좋을 때가 많습니다. 이런 문제를 해결하기 위해서 효모를 넣어주는 것이 좋습니다. 효모는 화학적으로 만든 것이 아니라 자연의 효모를 배양해 만들기 때문에 안전합니다.

개량누룩은 이름 그대로 누룩을 확실히 발효하게 만들었다는 뜻 입니다. 기존의 누룩과 섞어 쓰면 안정적이고 좀 더 빨리 발효되므로 장사하시는 분들에게 큰 도움이 될 것입니다.

참고로 이양주 이상의 다양주에서는 누룩을 고두밥에 넣기 전에 효모를 배양하는 과정을 거치므로 효모와 개량누룩을 추가로 넣지 않아도 술이 잘 만들어집니다.

MEMO

발효이론2

당화력이 무엇인가요?

당화력이란 누룩 1g이 전분 1g을 포도당으로 전환하는 능력 또는 힘을 말합니다. 당화력이 높으면 술이 빨리 될 것이고, 당화력이 낮으면 술이 느리게 되거나 실패할 수도 있습니다. 우리나라 전통누룩은 당화력이 대략 300sp 정도 됩니다.

당화력이 1,200sp 이상인 개량누룩은 전통누룩과는 달리 술 만드는 데 우수한 몇몇 균을 접종해 만들어 전통누룩보다 당화력이 월등하게 좋습니다.

개량누룩은 높은 당화력으로 술을 실패할 확률이 전통누룩보다 적으며 술이 빨리 만들어집니다. 심지어 생쌀가루로 술을 빚을 수도 있습니다. 시판되는 막걸리 중에도 고두밥 없이 생쌀가루로만 빚은 막걸리가 있습니다. 그리고 당화력이 1,800sp 이상 되어 생쌀로 술을 빚을 수

있는 무증자용 개량누룩이 있습니다. '라이조푸스'라는 곰팡이를 접종

시킨 개량누룩입니다.

누룩의 종류 및 특징

구분	전통누룩	증자용 개량누룩	무증자용 개량누룩
당화력	약 300sp	약 1,200sp 이상	약 1,800sp 이상
특징	전통방식으로 만든 누룩으로 자연접종을 통해 다양한 균들이 존재하게 되어 술맛이 복잡하고 오묘하다.	술 만드는 데 우수한 균을 접종배양한 누룩이다. 술맛이 단조로우나 술이 빠르게 잘 된다. 생쌀가루 발효가 가능하다.	생쌀발효가 가능하다. 맛이 단조로우며, 산생성능력이 뛰어나 신맛이 난다.
용도	막걸리보다 다양주를 빚을 때 좋다.	초보자 및 막걸리를 빚을 때 좋다.	빠른 막걸리, 소주를 만들 때 좋다.

잘 쪄야 좋은 술이 됩니다
고두밥 제대로 만들기

▲ 고두밥 찌기

고두밥은 술을 빚기 위해 쌀을 가공하는 방식으로 물에 불린 쌀을 찜기에 얹혀 김으로 쪄낸 것을 말합니다. 옛날에는 가마솥에 쌀이 든 시루를 얹고 시루와 가마솥 사이에 시루번을 붙여 김이 새지 않게 한 후 한참 동안 김을 올리고 중간에 위아래를 섞어주고 찬물로 김을 식히고 다시 김을 올려 쪄내기를 반복해 만드는 힘들고 복잡한 과정을 겪었습니다.

그러나 요즘은 김을 올리는 방식으로 지속적으로 땔감을 넣는 아궁이 방식이 아니라 가스, 전기 등 여러 방식이 발달해 간단하게 고두밥을 만들 수 있습니다.

고두밥 만드는 순서

1단계 세미

쌀을 깨끗이 씻는 단계입니다. 주조할 쌀을 대야에 넣고 좌로 100번, 우로 100번 돌려가며 씻어 쌀의 지방을 가급적 제거해줍니다.

2단계 침지

깨끗이 씻은 쌀을 2시간 정도 물에 불려 놓습니다. 이때 쌀은 쌀 무게 대비 20~30% 정도 수분을 머금게 됩니다.

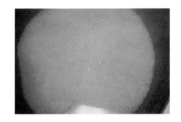

3단계 물 빼기

2시간 동안 침지한 쌀을 30분 정도 소쿠리에 놓아 물이 완전히 빠지게 합니다. 이렇게 물이 완전히 빠져야 고두밥이 실패하지 않습니다.

4단계 고두밥 찌기

가정에서 가스불에 찜기를 이용하는 기준으로 멥쌀을 60분 찌고 20분 뜸 들이며, 찹쌀은 40분 찌고 10분 뜸 들이면 됩니다. 시간은 집에서 쓰는 찜기나

가스의 화력 조절 상황에 따라 달라질 수 있습니다.

5단계 완성된 고두밥 식히기

잘 쪄진 고두밥을 사진처럼 발에 펼쳐 놓고 위아래를 뒤집어주며 골고루 식혀 줘야 합니다. 너무 오래 식히면 말라버 리므로 조심해야 합니다.

▲ 완성된 고두밥

고두밥 차게 식히기

1단계 펴 말리기 1

고두밥의 열기가 바닥에 직접 닿지 않고 환기될 수 있도록 받침대를 깔고, 그 위에 대나무발을 뒤집어줍니다.

▲ 받침대 깔기

▲ 대나무발 놓기

2단계 펴 말리기 2

대나무발 위에 잘 쪄진 고두밥 을 빠른 시간 내에 펼쳐놓고 바닥 면이 무르지 않고 잘 식을 수 있도 록 주걱으로 계속 뒤집어줍니다.

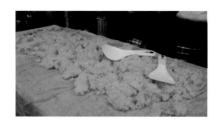

MEMO

꼭 지킵시다

막걸리 제대로 발효시키기

발효 용기를 밀봉해야 합니다

발효되는 동안 미생물들은 산소가 필요 없습니다. 그리고 잡균의 오염을 피해야 합니다. 이러한 이유로 발효 용기에 외부 공기의 투입이 없도록 잘 밀봉해줘야 합니다. 단, 발생되는 이산화탄소가 나갈 틈이나 방법을 확보해줘야 합니다.

발효 온도를 22~25도로 유지합니다

술을 만드는 효모가 안정적으로 활동하는 온도는 약 25도입니다. 발효가 시작되면 여러 작용으로 인해 내부 온도가 3도 정도 올라가게 됩니다. 그러므로 초기 1~2일 발효할 때 실내온도는 가급적 22도로 맞춰주는 게 좋습니다.

찬 바닥에 발효 용기가 직접 닿지 않게 합니다

온도 변화는 발효에 지장을 줘 주질에 영향을 줄 수도 있습니다. 바닥에 두꺼운 천이나 책 등을 대서 직접적으로 찬 기운이 닿는 것을 피해줘야 합니다.

술덧을 잘 저어줍니다

발효가 시작되면 아래는 술이 생기면서 위쪽에는 고두밥이 그대로 있게 됩니다. 위쪽으로 갈수록 중력의 작용에 의해 수분이 적어서 미생물이 분해하기 쉽지 않아 발효가 더디게 진행됩니다. 그러므로 다양주에 비해 발효력이 약한 상태에서 빚는 막걸리는 하루에 한 번씩 위아래를 섞어줘야 위에 있는 전분도 미생물이 빠르게 취할 수 있어 술이 안정적으로 빨리 됩니다.

보쌈을 하지 않는 것이 좋습니다

온도 조절을 잘못해 고온(30도 이상)에서 보쌈을 장기간 하게 되면 미생물의 생육에 문제가 발생할 수도 있어 술이 아예 안 되거나 급격히 시어질 수 있습니다.

맛나게 먹읍시다
완성된 막걸리 채주하기

    완성된 막걸리에 아래 사진처럼 대나무로 만든 용수를 박아놓으면 맑은 술이 용수 안으로 모이게 됩니다. 안으로 모인 술을 '약주'라 합니다. 이 술을 다 떠내고 남은 술덫에 물을 추가해 넣고 짜내는 것이 고문헌에 나오는 막걸리입니다. 그러나 약주를 떠내고 남은 술덫에 물을 타게 되면 술맛이 물에 많이 희석되어 심심한 막걸리가 됩니다. 그러므로 맛있는 막걸리를 원한다면 용수를 박지 않고 바로 채주한 상태의 탁주에 가수공식을 이용해 물을 첨가하고 3~7일 정도 냉장 숙성한 후에 음용하는 것이 좋습니다.

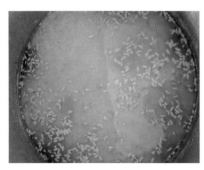

▲ 막걸리가 완성된 모습(밥알이 둥둥 떠 있음)

▲ 용수를 박아 넣은 모습

▲ 막걸리 거르기

거름망에 술덧을 넣고 부드럽게 좌우로 양손을 교차해 움직여 짜줍니다. 이때 너무 힘을 세게 주면 거름망이 찢어지므로 조심해야 합니다.

▲ 채주 완료

가수하기 전 상태이며, 이 상태를 '진땡' 또는 '탁주'라고 합니다.

최소 4번은 평균 내야 해요

내가 빚은 막걸리 알코올 도수 측정하기

1 매스실린더에 알코올 도수를 측정할 술 100㎖를 넣습니다.

2 매스실린더에 넣은 100㎖의 술을 플라스크에 넣습니다.

3 2회에 걸쳐 증류수 15㎖(합계 30ml)를 매스실린더에 넣고 잘 흔들어 헹군 다음 플라스크에 넣습니다.

4 플라스크에 열을 가해 70㎖를 증류합니다.

5 증류해 얻은 70㎖의 증류주를 매스실린더에 붓고 증류수 30㎖를 더 넣어 100㎖로 맞춥니다.

6 매스실린더에 막대온도계를 넣고 온도를 측정합니다.

7 매스실린더에 주정계를 띄워 주정계 눈금과 증류주가 맞닿는 지점의 비중을 측정합니다.

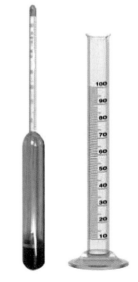

▲ 주정계(좌), 매스실린더(우)

8 증류주 온도 15도에서 측정된 주정계의 측정량이 내 술의 알코올 도수입니다. 증류주의 온도를 15도에 맞추지 못할 경우에는 부록에 있는 온도 보정표를 이용해 산출합니다.

최고의 술을 빚기 위한 필수코스

먹기 좋게 막걸리 가수하기

열심히 빚어 잘 익은 막걸리를 채주하게 되면 알코올 도수는 대략
12~16도 정도 나오게 됩니다. 그냥 먹기에는 알코올 도수가 높아 술
이 약한 분들은 마시기가 힘들 수 있습니다.

반면 우리가 즐겨 먹는 시중의 막걸리는 알코올 도수가 6~10도입니
다. "먹기 딱 좋은 도수다!"라고 말할 수 있겠죠. 그러므로 우리가 빚은
막걸리에 가수를 해야 합니다.

가수를 하면 변하는 막걸리의 맛과 술의 농도, 알코올 도수는 상당히
주관적이기 때문에 주조자 본인의 입장에서 잘 연구해야 할 것입니다.

맛있는 술을 만드는 기본 가이드!

- 알코올 도수를 6~10도에 맞춥니다.
- 당도 8~10브릭스 사이면 좋습니다.
- 가수하는 물은 가급적 수도물을 끓여서 씁니다.
- 가수 시 물의 온도는 40도 정도가 좋습니다.
- 탄산 주입기로 탄산을 넣으셔도 좋습니다.

탁주를 막걸리로 만들기 위한 준비사항

1️⃣ 탁주를 증류해 알코올 도수를 잽니다(필수).

2️⃣ 산도를 측정합니다.

3️⃣ Ph를 측정합니다.

4️⃣ 당도를 측정합니다(필수).

🔍 꼭! 기억해야 할 가수공식

$$\frac{\text{내가 빚은 술의 양} \times \text{내가 빚은 술의 알코올 도수}}{\text{내가 만든 술의 양} + \text{첨가하려는 물의 양}} = \text{물을 첨가한 후 알코올의 도수}$$

도구 따위 필요 없다!
우리 할머니처럼 막걸리 가수하기

먹기 좋은 막걸리를 빚기 위해 가수를 한다는 것은 매우 중요한 일입니다. 생산량을 늘리기 위해 과한 가수를 하거나, 얼마를 가수해야 하는지 잘 몰라 대충 가수를 해서 맛이 없어지면 그동안 빚은 정성과 시간, 들어간 비용, 판매하지 못해 입은 손해까지, 이 모두가 정신적으로나 물질적으로 상처가 되어 돌아올 것입니다.

그래서 제대로 가수하기 위해 앞서 설명한 것처럼 알코올 비중도 재고 가수 계산도 해야 하는데, 아주 간혹 이런 일들이 어려운 분들이 있습니다. 그러면 그럼 술 빚기를 포기해야 하냐고요? 술 빚어 팔 자격이 없냐고요? 아닙니다. 이 없으면 잇몸으로 살아야죠. 장비 없다고, 계산 못 한다고 막걸리를 못 빚으면 되겠습니까? 어차피 공식대로 가수해도 예상한 맛과 안 맞으면 그다음부터는 관능으로 물을 덜 첨가하든, 추가하든 해야 할 수도 있습니다.

그러니 슬퍼하거나 기죽지 마시고 지금부터 우리 할머니가 하시던 방법을 더욱 쉽게 개량해서 알려드리겠습니다.

잘 읽어보시고 따라 하시기 바랍니다.

준비물

채주한 술 400㎖

따뜻한(약 40도 정도) 물 100㎖

계량컵 4개(150~200㎖)

1단계 완성된 막걸리를 채주합니다.

2단계 계량컵을 깨끗이 씻어 준비합니다.

3단계 그림처럼 술과 물을 비율별로 넣고 잘 저어준 다음, 냉장고에 넣어둡니다.

(단위 : ㎖)

case 1	case 2	case 3	case 4
술 60 : 물 40	술 70 : 물 30	술 80 : 물 20	술 90 : 물 10

4단계 시원해지면 가능한 한 여러 사람에게 시음 및 의견을 종합, 제일 선호도가 높은 비율을 선택해 채주한 술을 가수합니다.

하나를 빚어도 제대로 빚어야 합니다.

이것저것 많은 술을 빚어보는 것보다는

선호도가 좋은 술들을 엄선해 제대로 빚어

자기 것으로 만들고 이를 응용해

더 좋은 술을 만들기 바랍니다.

2장

제대로 막걸리 빚기

[주의사항]
발효 온도에 따라 술이 되는 속도가 차이 날 수 있습니다.
추가되는 재료의 질과 양에 따라 술의 맛과 향이 차이 날
수 있습니다.

저잣거리 대표 막걸리
응용 막걸리 빚기

'응용 막걸리'는 전통 누룩만 들어가는 전통 막걸리와는 달리 개량 누룩과 효모가 추가로 들어가는 막걸리입니다.

옛날에는 막걸리를 빚을 때 누룩을 쌀의 절반 정도되는 양을 넣고 빚기 때문에 완성된 술에서 콤콤한 누룩취와 함께 신맛이 나는 게 특징이었습니다. 제가 어렸을 적 할머니께서 아랫목에 이불을 덮어두셨던 막

걸리도 몰래 맛보면 시큼했습니다. 그러나 요즘 파는 막걸리는 신 막걸리가 거의 없고 누룩취도 거의 나지 않습니다. 오늘날 사람들의 입맛이 반영된 결과라 생각됩니다.

이번에 빚을 응용 막걸리는 실패 없이 한번에 빚으면서도 시지 않게 만드는 방법입니다. 나만의 개성 있는 막걸리를 빚으려면 기본이 되는 이 응용 막걸리를 수없이 빚어보며 일정한 맛이 나올 수 있도록 연구해야 합니다.

준비물

찹쌀 4kg, 끓여 차게 식힌 물 5ℓ, 전통누룩 200g, 개량누룩 50g
건조효모 5g

만드는 과정

1️⃣ 생수 또는 끓여서 차게 식힌 물 5ℓ를 준비합니다.

2️⃣ 준비한 찹쌀로 고두밥을 찌고 빠른 시간 내에 차게 식힙니다.

3️⃣ 발효 용기에 차게 식은 고두밥과 준비한 전통 누룩, 개량 누룩, 건조 효모, 1️⃣번 물을 함께 넣고 5분 이상 치대준 다음 뚜껑을 덮어줍니다.

4️⃣ 다음 날부터 맑은 술이 뜰 때까지 매일 한 번씩 위아래를 뒤집어줍니다.

5️⃣ 술이 완성되면 맑은 술을 떠서 알코올 도수를 측정합니다.

6️⃣ 채주합니다.

7️⃣ 측정된 알코올 도수값을 기준으로 가수공식을 이용해 채주한 술에 물을 첨가해 원하는 도수의 막걸리를 만듭니다.

8️⃣ 3~7일 정도 냉장숙성 후 음용합니다.

막걸리 중의 막걸리
인삼 막걸리 빚기

 누가 막걸리 중에 으뜸이 무엇이냐고 물으면, 저는 단 한순간의 고민도 없이 '인삼 막걸리'라고 할 겁니다. 입안에 퍼지는 쌉싸름한 인삼의 향과 웬만한 사람은 다 알고 있다는 인삼의 훌륭한 약성을 생각하면 쓱 한잔 마시는 순간 몸이 건강해지는 느낌이 듭니다.

▲ 인삼 막걸리

 술을 마시면서 건강해지길 바란다니 참으로 우스운 이야기입니다만, 어차피 마실 술이라면 조금이라도 몸에 좋은 성분이 들어 있으면 좋겠죠?

찹쌀 4kg, 끓여 차게 식힌 물 5ℓ, 전통누룩 200g, 개량누룩 50g,
건조효모 5g, 인삼(수삼) 120g

1 인삼을 넣고 끓인 물 5ℓ를 차게 식혀 준비합니다.

2 준비한 찹쌀로 고두밥을 찌고 빠른 시간 내에 차게 식힙니다.

3 발효 용기에 차게 식은 고두밥과 준비한 전통 누룩, 개량 누룩, 건
조 효모, 1번 물을 함께 넣고 5분 이상 치댄 다음 뚜껑을 덮어줍
니다(끓이는 데 쓰인 인삼도 같이 넣어줍니다).

4 다음 날부터 맑은 술이 뜰 때까지 매일 한 번씩 위아래를 뒤집어
줍니다.

5 술이 완성되면 맑은 술을 떠서 알코올 도수를 측정합니다.

6 채주합니다.

7 측정된 알코올 도수값을 기준으로 가수공식을 이용해 채주한 술
에 물을 첨가해 원하는 도수의 막걸리를 만듭니다.

8 3~7일 정도 냉장숙성 후 음용합니다.

막걸리가 빨개요

홍국 막걸리 빚기

홍국쌀로 빚는 개성 넘치는 붉은 막걸리입니다. 일반 막걸리와는 다르게 붉다는 것은 막걸리를 자주 대하는 이에게도 색다른 경험일 것입니다. 특히 그 막걸리가 내 몸의 콜레스테롤을 줄여주는 효능까지 있다고 하면, 마시는 것을 주저하거나 마다할 이유가 없겠죠?

색상도 예쁘고 효능도 좋은 기능성 막걸리의 등장입니다. 어서어서 빚어보세요!

▲ 홍국 막걸리

홍국쌀은 홍국균을 고두밥에 접종해 배양시켜 만든 붉은 누룩입니다.
홍국균의 발효과정에서 발생하는 모나콜린 K성분의 탁월한 콜레스테
롤제거 기능으로 인해 《동의보감》에도 언급되어 있습니다.

준비물

찹쌀 4kg, 끓여 차게 식힌 물 5ℓ, 전통누룩 200g, 개량누룩 50g
건조효모 5g, 홍국쌀 300g

만드는 과정

1 생수 또는 끓여서 차게 식힌 물 5ℓ를 준비합니다.

2 준비한 찹쌀과 홍국쌀을 섞어 고두밥을 찌고 빠른 시간 내에 차게
식힙니다.

3 발효 용기에 차게 식은 고두밥과 준비한 전통 누룩, 개량 누룩, 건
조 효모, 1번 물을 함께 넣고 5분 이상 치댄 다음 뚜껑을 덮어줍
니다.

4 다음 날부터 맑은 술이 뜰 때까지 매일 한 번씩 위아래를 뒤집어
줍니다.

5 술이 완성되면 맑은 술을 떠서 알코올 도수를 측정합니다.

6 채주합니다.

7 측정된 알코올 도수값을 기준으로 가수공식을 이용해 채주한 술
에 물을 첨가해 원하는 도수의 막걸리를 만듭니다.

8 3~7일 정도 냉장숙성 후 음용합니다.

홍국쌀과 홍국가루

홍국쌀은 일반 쌀과 달리 홍국균을 접종해 만들기 때문에, 술을 빚을 때 일반 쌀을 씻을 때처럼 씻으면 안 됩니다. 씻으면 홍국쌀에서 기대할 수 있는 여러 유효 성분들이 물에 씻겨 나갈 수 있습니다.

그래서 홍국가루를 대안으로 쓰면 홍국쌀을 직접 쓸 때와 완전히 같을 수는 없겠지만, 거의 비슷한 맛과 향, 색깔을 낼 수 있습니다. 홍국가루는 온라인 마켓에서 쉽게 구할 수 있습니다.

▲ 홍국가루

홍국가루로 고두밥 만들기

1단계 홍국가루를 고두밥 찌기 전에 쌀과 잘 혼합해줍니다.

▲ 쌀에 홍국가루 뿌리기

▲ 쌀과 홍국가루 섞기

2단계 완성된 홍국쌀 고두밥을 잘 펴서 식혀주면 된다.

▲ 홍국고두밥

꼭 드시고 돌아오소서

당귀 막걸리 빚기

당귀 막걸리는 향이 무척 고급스러운 막걸리로, 빚어 내놓으면 맛을 본 많은 이들에게 찬사를 받는 최고급 막걸리입니다.

한잔 쭉 들이켜면 은은하고 고급스러운 향이 코끝으로 밀려와 마치 몸에 좋은 최고급 보약 한 사발을 들이키는 것 같아 마시는 것을 멈출 수 없습니다.

옛날, 전쟁에 나가는 자식과 남편의 허리춤에 꼭 당귀를 싸줬다고 합니다. 왜 싸줬을까요? 배고플 때 먹으라고요? 아닙니다. 전쟁이 끝나고 지쳐 쓰러져 있을 때 허리춤에 차고 있던 당귀를 먹으면 힘이 생겨 집에 돌아갈 수 있기 때문이랍니다. 그래서 이름이 당귀(當歸)입니다. 이것을 먹으면

▲ 당귀 막걸리

마땅히 돌아온다는 거죠. 맛과 향, 거기다 뛰어난 약성까지 모두 가진 당귀 막걸리는 꼭 빚어봐야 합니다.

준비물

찹쌀 4kg, 끓여 차게 식힌 물 5ℓ, 전통누룩 200g, 개량누룩 50g
건조효모 5g, 말린 당귀 10g

만드는 과정

1 생수 또는 끓여서 차게 식힌 물 5ℓ를 준비합니다.

2 준비한 찹쌀과 당귀를 섞어 고두밥을 찌고 빠른 시간 내에 차게 식힙니다.

3 발효 용기에 차게 식은 고두밥과 준비한 전통 누룩, 개량 누룩, 건조 효모, 1번 물을 함께 넣고 5분 이상 치댄 다음 뚜껑을 덮어줍니다.

4 다음 날부터 맑은 술이 뜰 때까지 매일 한 번씩 위아래를 뒤집어 줍니다.

5 술이 완성되면 맑은 술을 떠서 알코올 도수를 측정합니다.

6 채주합니다.

7 측정된 알코올 도수값을 기준으로 가수공식을 이용해 채주한 술에 물을 첨가해 원하는 도수의 막걸리를 만듭니다.

8 3~7일 정도 냉장숙성 후 음용합니다.

내 누님 같은 꽃이여

국화 막걸리 빚기

음력 9월 중양절에 먹는 술로도 유명한 세시풍속주인 국화(감국) 막걸리는 꽃으로 빚는 막걸리 중에서도 대표적인 막걸리로 향기가 좋고, 약성 또한 뛰어나 대대로 사랑받는 막걸리입니다.

《본초강목》에 의하면 국화의 효능은 다음과 같습니다. '오랫동안 복용하면 혈기에 좋고 몸을 가볍게 하며 쉬 늙지 않는다. 위장을 편안하게 하고 오장을 도우며 사지를 고르게 한다. 또한 감기, 두통, 현기증에 효과적이다'라고 나와 있습니다.

▲ 국화 막걸리

막걸리가 곱게 완성되면 사랑하는 친구들을 불러 함께 미당 서정주 시인의 〈국화 옆에서〉를 찬찬히 낭독하며 한잔하는 것도 좋을 것 같습니다.

찹쌀 4kg, 끓여 차게 식힌 물 5ℓ, 전통누룩 50g, 개량누룩 50g
건조효모 5g, 국화 70g

1. 생수 또는 끓여서 차게 식힌 물 5ℓ를 준비합니다.
2. 준비한 찹쌀로 고두밥을 찌고 뜸 들이는 시간에 국화를 고두밥 위에 고르게 펼쳐놓고 살균, 소독합니다.
3. 발효 용기에 차게 식은 고두밥과 준비한 국화, 전통 누룩, 개량 누룩, 건조 효모, 1번 물을 함께 넣고 5분 이상 치댄 다음 뚜껑을 덮어줍니다.
4. 다음 날부터 맑은 술이 뜰 때까지 매일 한 번씩 위아래를 뒤집어 줍니다.
5. 술이 완성되면 맑은 술을 떠서 알코올 도수를 측정합니다.
6. 채주합니다.
7. 측정된 알코올 도수값을 기준으로 가수공식을 이용해 채주한 술에 물을 첨가해 원하는 도수의 막걸리를 만듭니다.
8. 3~7일 정도 냉장숙성 후 음용합니다.

여성을 위한 달달함

단호박 막걸리 빚기

 여성분들이 참으로 좋아하는 부드럽고 달콤한 단호박을 넣어 빚는 막걸리입니다. 막걸리를 빚는 여성분들은 반드시 한 번씩 도전하게 되는 막걸리입니다.

 이름에서 풍겨 나오듯이 가급적 단맛을 극대화해야 먹을 맛이 나겠죠? 단호박은 몸의 부기를 빼주며, 항암 효과와 함께 다량의 비타민 A가 있습니다. 그리고 식이섬유가 많고 칼로리가 낮아 다이어트에 좋습니다.

▲ 단호박

▲ 찐 단호박

▲ 완성된 단호박 막걸리

찹쌀 4kg, 끓여 차게 식힌 물 5ℓ, 전통누룩 200g, 개량누룩 50g
건조효모 5g, 단호박 2kg

만드는 과정

1 생수 또는 끓여서 차게 식힌 물 5ℓ를 준비합니다.

2 단호박을 찌고 으깨서 준비합니다.

3 준비한 찹쌀로 고두밥을 찌고 빠른 시간 내에 차게 식힙니다.

4 발효 용기에 차게 식은 고두밥과 준비한 단호박, 전통 누룩, 개량 누룩,
　건조 효모, 1번 물을 함께 넣고 5분 이상 치댄 다음 뚜껑을 덮어줍니다.

5 다음 날부터 맑은 술이 뜰 때까지 매일 한 번씩 위아래를 뒤집어줍
　니다.

6 술이 완성되면 맑은 술을 떠서 알코올 도수를 측정합니다.

7 채주합니다.

8 측정된 알코올 도수값을 기준으로 가수공식을 이용해 채주한 술에
　물을 첨가해 원하는 도수의 막걸리를 만듭니다.

9 3~7일 정도 냉장숙성 후 음용합니다.

단호박 투입과정

1단계 슬라이스

잘 찐 단호박을 슬라이스
합니다.

2단계 짓이기기

슬라이스 된 단호박을 주
걱이나 수저를 이용해 곱게
잘 짓이깁니다.

3단계 완성

고두밥에 곱게 잘 으깬 단
호박을 넣고 잘 섞어줍니다.

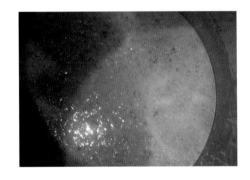

쌀가루로 만드는
초간단 막걸리 빚기

우리는 지금껏 쌀을 증기로 익힌 고두밥으로 술을 빚었습니다. 이렇게 빚다 보니 제조원가의 30%가 고두밥을 만드는 비용입니다. 이 비용을 줄일 수만 있다면 막걸리를 빚는 단가를 줄일 수 있겠죠. 바로 시판

▲ 쌀 가루 내기

중인 ○○마을 막걸리가 생쌀가루를 이용해 생산단가를 내린 막걸리입니다. ○○마을 막걸리에는 역가가 매우 높은 발효제를 씁니다. 이렇게 역가가 높은 발효제를 쓰면, 보다 저렴하게 빠른 시간 안에 막걸리를 빚을 수 있습니다.

준비물

쌀 4kg, 끓여 차게 식힌 물 5ℓ, 개량 누룩 80g, 건조 효모 5g

만드는 과정

1 고두밥을 만들기 위해 침지하고 물기를 뺀 쌀을 방앗간에 가서 한 번만 빻아줍니다. 소금을 넣지 않고 빻아야 합니다.

2 끓여서 차게 식힌 물에 쌀가루를 넣고 개량누룩과 건조효모를 넣은 다음 잘 풀어지도록 골고루 저어줍니다.

3 3일 후부터 맛을 보며 기호에 맞게 술맛을 정해 발효를 끝냅니다.

4 맑은 술을 떠서 알코올 도수를 측정합니다.

5 측정된 알코올 도수값을 기준으로 가수공식을 이용해 물을 첨가해서 원하는 도수의 막걸리를 만듭니다.

6 3~7일 정도 냉장숙성 후 음용합니다.

남성들이여 일어나라!
복분자 막걸리 빚기

최근 정력에 좋다고 떠들썩한 야관문, 구지뽕, 산수유 등이 있지만, 정력의 원조이자 으뜸은 바로 복분자입니다. 현재 유통되는 복분자 중 대부분은 외국산 블랙베리류입니다. 1960년대 외국에서 도입된 것으로 추정되고 있습니다.

이렇게 유통되는 복분자가 토종이 아니라 약성이 좀 떨어질 수 있어도 우리 땅에서 정성스럽게 길러낸 것이라 술로 빚어놓으면 맛과 향이 뛰어납니다. 참고로 장어요리와 함께 먹으면 더 좋습니다(장어에 풍부하게 있는 비타민 A의 작용을 더 활발히 증가시켜줍니다).

▲ 복분자 막걸리

찹쌀 4kg, 끓여서 차게 식힌 물 3ℓ, 전통누룩 200g, 개량누룩 50g

건조효모 5g, 복분자 3kg

1 생수 또는 끓여서 차게 식힌 물 3ℓ를 준비합니다.

2 복분자를 흐르는 물에 살짝 씻고 물을 빼둡니다.

3 준비한 찹쌀로 고두밥을 찌고 빠른 시간 내에 차게 식힙니다.

4 발효 용기에 차게 식은 고두밥과 준비한 전통 누룩, 개량 누룩, 건 조 효모, **1**번 물을 함께 넣고 5분 이상 치댑니다.

5 5분 이상 치댄 고두밥에 복분자를 넣고 터지지 않게 골고루 살살 섞어준 다음 뚜껑을 덮어줍니다.

6 다음 날부터 맑은 술이 뜰 때까지 매일 한 번씩 위아래를 뒤집어 줍니다.

7 술이 완성되면 맑은 술을 떠서 알코올 도수를 측정합니다.

8 채주합니다.

9 측정된 알코올 도수값을 기준으로 가수공식을 이용해 채주한 술 에 물을 첨가해 원하는 도수의 막걸리를 만듭니다.

10 3~7일 정도 냉장숙성 후 음용합니다.

▲ 복분자

가급적 향이 좋고 색이 짙은 복분자를 고르는 게 좋습니다.

▲ 흐르는 물에 복분자 씻기

잘 냉동해 보관한 복분자를 흐르는 물에 10초 정도 씻어줍니다.

▲ 고두밥에 복분자 섞기

　잘 치댄 고두밥에 복분자를 넣고 가급적 복분자가 터지지 않을 정도로 아주 살살 섞어줍니다.

▲ 복분자가 잘 섞인 상태

복분자가 잘 섞인 것을 확인한 후 뚜껑을 덮고 발효를 시작합니다.

여성들에게 좋은
칡 막걸리 빚기

호박 막걸리보다는 단맛이 떨어지지만, 중년 여성의 몸에 아주 좋은 칡 막걸리를 만들어보겠습니다. 칡에는 여성에게 중요한 호르몬인 에스트로겐(다이드제인)이 석류와 콩보다 더 많이 함유되어 있습니다. 특히 칡은 다리거나 중탕하는 것보다 생으로 먹는 것이 더 좋기 때문에 말린 칡을 쓰는 것이 좋습니다. 그리고 칡은 맛이 비교적 쓰므로 막걸리를 빚을 때는 맛 디자인을 통해 달콤 쌉싸름하게 잘 만들어야 합니다.

▲ 칡 막걸리

찹쌀 4kg, 끓여 차게 식힌 물 5ℓ, 전통누룩 200g, 개량누룩 50g

건조효모 5g, 말린 칡 150g

1 생수 또는 끓여서 차게 식힌 물 5ℓ를 준비합니다.

2 준비한 찹쌀로 고두밥을 찌고 뜸 들이는 시간에 칡을 고두밥 위에
고르게 펼쳐놓고 살균, 소독합니다.

3 발효 용기에 차게 식은 고두밥과 준비한 칡, 전통 누룩, 개량 누
룩, 건조 효모, 1번 물을 함께 넣고 5분 이상 치댄 다음 뚜껑을
덮어줍니다.

4 다음 날부터 맑은 술이 뜰 때까지 매일 한 번씩 위아래를 뒤집어
줍니다.

5 술이 완성되면 맑은 술을 떠서 알코올 도수를 측정합니다.

6 채주합니다.

7 측정된 알코올 도수값을 기준으로 가수공식을 이용해 채주한 술
에 물을 첨가해 원하는 도수의 막걸리를 만듭니다.

8 3~7일 정도 냉장숙성 후 음용합니다.

맛과 향, 약성까지 있는

오미자 막걸리 빚기

오미자는 '다섯 가지 맛(매운맛, 신맛, 단맛, 짠맛, 쓴맛)을 가지고 있는 열매'란 뜻입니다. 이 열매로 막걸리를 빚게 되면 새콤달콤한 맛을 느낄 수 있으며, 향 또한 지금껏 느껴보지 못한 산뜻한 기분을 갖게 해줍니다. 이렇게 맛과 향, 그리고 약성까지 좋은 오미자 막걸리는 호불호가 거의 없는 누구나 좋아하는 막걸리입니다.

▲ 오미자 막걸리

찹쌀 4kg, 끓여 차게 식힌 물 5ℓ, 전통누룩 200g, 개량누룩 50g
건조효모 5g, 건오미자 200g

만드는 과정

1. 생수 또는 끓여서 차게 식힌 물 3ℓ를 준비합니다.
2. 오미자를 흐르는 물에 살짝 씻고 물을 빼둡니다.
3. 준비한 찹쌀과 오미자를 섞어 고두밥을 찌고 빠른 시간 내에 차게 식힙니다.
4. 발효 용기에 차게 식은 고두밥과 오미자, 준비한 전통 누룩, 개량 누룩, 건조 효모, 1번 물을 함께 넣고 5분 이상 치대줍니다.
5. 다음 날부터 맑은 술이 뜰 때까지 매일 한 번씩 위아래를 뒤집어 줍니다.
6. 술이 완성되면 맑은 술을 떠서 알코올 도수를 측정합니다.
7. 채주합니다.
8. 측정된 알코올 도수값을 기준으로 가수공식을 이용해 채주한 술에 물을 첨가해 원하는 도수의 막걸리를 만듭니다.
9. 3~7일 정도 냉장숙성 후 음용합니다(냉장숙성할 때 약 2일 동안 오미자를 넣었다가 뺍니다).

오미자의 세 가지 효능

간 기능 개선 및 보호

시잔드린 성분(리그난계 물질)이 상당량 함유되어 있어 간 기능 개선에 효과가 있을 수 있다고 합니다.

위 기능 향상

오미자에 함유된 고미신 성분은 지속적인 섭취 시 위장 증상(위궤양, 위염 등) 예방 및 개선에 좋은 효과를 준다고 합니다.

피로회복

사과산, 시트르산 등의 유기산 및 인, 철 등의 성분들이 풍부하게 함유되어 있는 오미자는 피로회복에 탁월한 도움을 주는데, 이런 산 성분들로 인해 신맛이 나는 것이라 합니다. 오미자를 이용한 음료는 여름에 갈증을 해소시키는 데 탁월합니다.

MEMO

눈으로 마셔요

색깔 있는 막걸리 빚기

요즘 같은 개성 강한 시대에 경쟁력을 갖추려면 시중 막걸리보다 다양함을 갖춰야 합니다. 대표적인 방법으로 막걸리에 천연 색재료를 넣으면 보기에도 좋고, 몸에도 좋은 막걸리를 완성할 수 있습니다. 본인이 빚은 막걸리 1ℓ에 원하는 색이 있는 식물 또는 약재의 동결건조 가루를 10g씩 넣고 잘 저어주면 다양한 색을 띤 막걸리가 됩니다.

형개

형개를 넣으면 막걸리가 녹색을 띱니다. 매운맛이 있고 약성이 따뜻하며, 독이 없으므로 산전산후용 약으로 쓰입니다. 또한 구풍 해열제로 중풍, 감기, 인후염, 종기 등에 사용됩니다.

비트

비트를 넣으면 막걸리가 자주색을 띱니다. 각종 비타민과 항산화 성분이 있어 고운 피부를 갖게 도와줍니다. 그리고 비타민 K가 함유되어 당뇨 예방과 고혈압에 좋으며, 철분이 많이 들어 있어 빈혈에 도움을 줍니다.

치자

치자를 넣으면 막걸리가 노란색을 띱니다. 열을 제거하고 화를 내리며 피를 맑게 하는 기능이 있습니다. 불면증, 황달, 소갈증, 결막염, 코피 등에 좋습니다.

정향

정향을 넣으면 막걸리가 연한 갈색을 띱니다. 매운맛이 있고 성질이 따뜻하며 독성은 없습니다. 비위를 따뜻하게 하고 성기능을 높입니다. 허리와 무릎을 덥게 하고, 풍독을 없애며 여러 가지 종기를 낫게 합니다.

3장

전통누룩 직접 만들어보기

우리 누룩의 우수성

누룩이란 무엇인가?

누룩이란 무엇일까요? 그냥 눌렀다 해서 누룩일까요? 이를 알기 위해서는 우선 술의 기원을 알아야 합니다. 고문헌을 찾아보면 '웅덩이에 떨어진 과일이 자연적으로 술이 되었다…'라고 해석된 글이 있습니다. 이 말을 과학적으로 분석해보면 '과일에 있는 당(포도당 또는 과당)을 이용해 알코올을 만드는 미생물(효모)이 공기 중에 떠돌다 과일에 붙어 자연스럽게 술이 만들어졌다'는 것입니다.

▲ 건조 중인 전통누룩

이렇게 자연적인 방식을 좀 더 효율적이면서 확실하고 빠르게 잘되게 하기 위해 각종 균류와 미생물이 살기 좋은 집(환경)을 만들어놓고 자연접종 및 자체번식을 하게 유도하는 것이 바로 누룩의 정의입니다.

누룩의 형태는 지역 조건과 용도에 따라 네모나고 동그랗기도 합니다. 오리알처럼 작기도 하고 피자처럼 둥글고 넓적하기도 합니다.

🔍 *여기서, 잠깐!*

표준국어대사전
누룩(명사) : 술을 빚는 데 쓰는 발효제
　　　　　　 밀이나 찐 콩 따위를 굵게 갈아 반죽해 덩이를 만들어 띄워
　　　　　　 서 누룩곰팡이를 번식시켜 만든다.

새우리말 큰사전
누룩(명사) : 곡물을 쪄서 누룩곰팡이를 번식시킨, 술을 빚는 데 쓰이는
　　　　　　 발효제

누룩에 있는 곰팡이 독소(아플라톡신)는 문제가 없다

누룩은 앞에 설명한 대로 미생물과 곰팡이를 안에 가두는데, 이 곰팡이들 중 독소가 있는 곰팡이(아플라톡신)들이 있다고 문제제기가 된 적이 있었습니다. 정부기관에서 철저한 조사를 했으나 결과가 기준치(15PPB)보다 밑돌아서 건강에는 큰 지장이 없는 것으로 판명되었습니다.

누룩을 만드는 핵심 포인트

적당한 누룩의 크기

누룩을 만드는 게 그리 쉽지만은 않습니다. 그러다 보니 한 번에 끝내겠다고 크게 만드는 사람도 있습니다. 하지만 무조건 크게만 만들면 수분 조절이 어려워 누룩을 망치게 됩니다.

가급적 누룩틀에 맞게 적당한 크기로 해야 하며, 별도로 누룩틀이 없는 이화곡이나 새앙곡은 어른 주먹크기 정도로 성형해야 합니다.

누룩은 가급적 단단하게 디뎌야 합니다

누룩을 만들 때 단단하게 디뎌야 빠른 수분 증발을 막을 수 있습니다. 수분이 빠르게 증발하면 곰팡이가 자리 잡을 시간이 충분하지 않아서 좋은 누룩이 될 수 없습니다.

잘못된 누룩인지 확인해봐야 합니다

내가 띄운 누룩이 잘 띄워진 것인지 초보자들은 확인하기 어렵습니다. 어떤 사람은 겉에 초록 곰팡이나 검은 곰팡이가 핀 것을 보고 잘못되었다고 생각해 버리기도 하는데, 그럴 필요는 없습니다. 겉면에 있는 곰팡이는 그 곰팡이가 없어질 때까지 긁어내면 됩니다. 누룩이 잘못된 것을 확인하려면 누룩을 반으로 잘라보면 알 수 있습니다. 누룩 안쪽이 젖어서 썩어 있으면 실패한 누룩입니다.

누룩을 위아래로 감싸는 재료

누룩을 위아래로 감싸는 재료는 볏짚과 쑥대 또는 솔잎이 좋습니다.

초보자일수록 아이스박스에서 띄우는 게 좋습니다

누룩을 띄울 때는 종이상자, 항아리, 나무박스, 아이스박스 등 밀폐된 많은 곳에서 띄울 수 있으나 대체적으로 아이스박스가 수분 통제와 온도 유지 오염 및 공간적 활용성, 이동성 면에서도 우수하므로 초보자일수록 아이스박스에서 띄우는 게 좋습니다.

완성된 누룩 보관 전 환기

완성된 누룩일지라도 완전히 마르지는 않습니다. 그러므로 보관 전에 낮에는 햇볕에 쬐여 표면을 잘 살균해야 하며, 밤에는 바람이 잘 통하는 곳에서 서서히 말려야 합니다.

누룩의 장기 보관

잘 말려진 누룩은 한지에 싸서 그늘에 보관하면 좋습니다. 잘게 빻아 법제한 누룩은 바로 쓰지 않는다면 랩에 싸서 보관하는 게 좋습니다.

쌀로 만드는 누룩

이화곡 만들기

이화곡은 이화주를 빚을 때 주로 쓰였기 때문에 이화곡으로 불립니다.

이화곡은 통밀누룩을 만들 때보다 성공하기 어렵기 때문에 대량 생산하는 곳이 많지 않습니다. 그러나 성형하는 방법은 의외로 간단합니다. 분무기를 이용해 쌀가루가 살짝 뭉쳐질 정도로 물을 혼합한 다음, 오리알만 한 크기로 꾹꾹 눌러줍니다.

어느 정도 뭉쳐지면 수분이 날라가는 것을 막기 위해 비닐봉지에 넣고 완전히 단단해질 때까지 눌러줍니다. 성형이 완료되면 7.7.7 제법으로 누룩을 완성합니다.

쌀가루 1kg, 물 적당량, 누룩박스 1개, 볏짚, 쑥대

솔잎 중 하나 적당량

만드는 과정

▲ 쌀가루에 분무기로 물 혼합하기

▲ 쌀가루가 뭉쳐질 정도가 되었는지 확인하기

▲ 오리알만 한 크기로 뭉치기

▲ 완성된 모습

누룩 만들기(7.7.7 제법)

1단계 수분 가두기(7일)

볏짚이나 마른 쑥대 또는 솔잎을 위아래로 넣은 박스에 7일 동안 넣어 놓습니다. 이틀에 한 번씩 뒤집어줍니다.

2단계 수분 내보내기(7일)

박스를 열고 천천히 말립니다. 이틀에 한 번씩 뒤집어줍니다. 이때 누룩 내부에 미생물이 서서히 착상됩니다.

3단계 완전히 말리기(7일)

박스에서 꺼내 바람이 잘 통하는 응달에서 말립니다. 낮에는 햇볕 아래에서 완전하게 말려줍니다.

전통주 대표 누룩

통밀누룩 만들기

통밀누룩은 우리나라 전통주를 빚는 누룩 중 대표적인 누룩입니다. 다른 누룩보다 비교적 쉽고 안정적으로 만들 수 있어 많은 술에 사용되고 있으며, 여러 통로를 통해 활발하게 제조 및 판매되고 있습니다.

▲ 통밀누룩

통밀누룩을 성형하는 방법은 비교적 쉽습니다. 거칠게 갈은 통밀에 물을 약간 첨가하고(주먹으로 꾹꾹 눌러 뭉쳐질 정도, 이화곡 디딜 때와 같은 방법) 수분이 충분히 스미게 잘 섞어준 다음 누룩틀에 다져 넣고 발뒤꿈치로 잘 디뎌서 단단하게 만들어줍니다. 성형이 완성된 누룩은 이화곡과 같이 7.7.7 제법으로 완성합니다.

▲ 누룩틀

준비물

거칠게 간 통밀 1kg, 물(통밀 양의 30% 이내), 누룩틀 1개

베보자기 1개, 누룩박스 1개, 볏짚, 쑥대, 솔잎 적정량

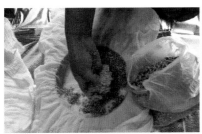 

▲ 통밀을 틀에 다져놓고 발로 디디기 전

▲ 발로 디디는 통밀누룩

▲ 완성된 누룩

▲ 만든 지 21일 된 누룩

안쪽으로 하얗게 백국균이 들어가 있어야 잘된 누룩입니다. 그리고 안에는 검은 부분이 없어야 합니다. 검은 부분은 누룩을 만들 때 수분이 많이 들어갔거나 말리는 단계에서 잘못 말려 썩게 되면서 생깁니다.

고문헌에 나온 종요 누룩 소개

향온곡(香醞麴) - 《임원십육지(林園十六志)》

향온주를 만드는 데 쓰이는 누룩입니다. 궁중에서 만드는 특수 누룩으로 약쑥 위에서 약 한 달간 제작합니다.

백수환동주곡(白首還童酒麴) - 《양주방(釀酒方)》

'늙은이가 이 술을 마시면 흰머리가 검어지고 얼굴이 동안이 된다'는 뜻을 가진 술을 빚을 때 쓰는 누룩입니다. 찹쌀과 녹두로만 만듭니다.

녹두곡(綠豆麴) - 《증보산림경제(增補山林經濟)》

녹두의 양과 쌀의 양이 같은 비율로 들어가는 누룩입니다. 몸에 열을 내리는 찬 성질의 녹두는 여름에 술을 빚을 때 좀 더 안정적으로 빚게 도와줍니다.

농업기술원이 제안하는 일곱 가지 체크포인트

사업화하기 전 체크포인트

이 책을 보고 따라하시면서 많은 공부와 노력을 하셨을 것이라 생각합니다. 이제 전통주 제조법에 대한 단순한 관심이 아닌, 자신의 사업을 하기 위한 준비를 적극적으로 하셔야 할 것입니다.

마지막으로 사업을 준비하시기 전에 농업기술원에서 제안하는 일곱 가지 체크포인트를 확인해보시는 게 좋겠습니다(포함되는 항목이 많으면 많을수록 좋겠죠?).

일곱 가지 체크포인트

1 기존 제품과 차별성은 있는가?

2 새로운 제조방법인가?

3 생산 가능한 방법인가?

4 생산 가격은 적정한가?

5 특허는 없는가?

6 지역과 관계가 있는가?

7 주변 여건은 어떠한가?

부록

1. 소주 내리기

위스키는 저리 가라

전통 고품격 소주 내리기

고려시대 원나라에서 들어온 소주는 저장성이 좋고 향이 좋아 많은 사람들이 좋아하는 술입니다. 하지만 소주를 내리기 위해서는 많은 양의 곡물이 필요하기 때문에 조선시대부터 1970년대 후반까지 농업 정책에 의해 생산이 자주 금지되었습니다. 또한 증류식 소주는 가격도 희석식 소주보다 비싸 일반인이 마시기에는 부담스러운 술이었습니다.

▲ 소주 내리기

우리나라의 자랑스러운 술인 전통소주는 현재 파주의 감홍로부터 안동의 안동소주, 제주도의 고소리술, 진도의 진도 홍주, 전주 이강주, 평양 문배주 등 전국적으로 만들고 있으며, 많은 사랑을 받고 있습니다.

소주고리

우리나라의 전통 증류기인 소주고리입니다. 가마솥에 술을 넣고 소주고리를 올린 후 군불로 잔잔히 온도를 올려 한 방울씩 소주를 내리는 방법입니다. 술의 양에 따라 적게는 4시간에서 8시간까지 장시간에 걸쳐 증류하게 됩니다. 빨리 하고 싶은 마음에 불을 세게 해 증류하게 되면 가마솥에 넣은 술이 타서 탄내가 나는 소주가 되거나,

▲ 소주고리

탄내가 나면서 붉은색을 띠는 실패한 소주를 만들게 됩니다.

동 증류기

유럽 및 서아시아 전역에서 사용하던 동 증류기입니다. 증류한 주류의 품질이 좋다고 평을 받고 있지만, 자주 사용하지 않으면 녹이 발생하기 때문에 관리에 어려움이 있습니다.

▲ 동 증류기

와인을 증류해 브랜디를 만드는 유럽 정통 증류기

▲ 유럽 정통 증류기

직접가열방식 증류기

시중에 많이 유통되는 증류장비입니다. 스테인리스통 안에서 발효하고 발효가 다 끝난 술을 바로 증류할 수 있게 설계되어 아주 능률적이고 효율적인 장비입니다. 가격도 크게 비싸지 않아 증류하는 사람들이 널리 애용하고 있습니다. 직접가열방식이라 온도가 과하게

▲ 발효 증류기

가열되면 술이 타거나 좋지 않은 향이 나는 단점이 있습니다.

간접가열방식 증류기

수백만 원이 넘는 고가의 장비입니다. 3단 증류를 하게 설계되어 있고, 중탕방식으로 술을 가열하게 되므로 술이 타지 않으며, 고온에서 발생되는 푸르프랄의 발현을 막을 수 있어 고품질의 소주를 생산할 수 있습니다. 이런 디자인의 증류기가 상압 증류기에서는 가장 설계가 잘된 증류기입니다. 가격은 비싼 편이지만, 술맛이 훌륭하고 실패가 적은 것을 감안하면 구매욕구가 생기는 좋은 장비입니다.

▲ 다단식 증류기

소주고리에서 소주를 내리는 방법

1단계

가마솥에 술을 넣고 가마솥 위에 소주고리를 올린 후 가마솥과 소주고리 사이에 김이 새지 않도록 시루번을 붙입니다.

2단계

가마솥을 서서히 가열하기 시작합니다. 소주고리 위에는 소주가 잘 내려올 수 있도록 소주고리 위에 데워지는 물을 찬물로 계속 갈아줍니다.

3단계

처음 나오는 술(약 15~20㎖ 정도, 소주 한 잔 정도)은 메탄올이 섞여 있으므로 음용하지 말고 버립니다.

4단계

넣은 술의 1/3 정도 증류수를 받고 증류를 끝냅니다. 이때, 알코올 도수는 약 30~55도 정도가 됩니다.

🔍 *여기서, 잠깐!*

가급적 100도가 넘지 않게 불 조절을 잘해야 합니다. 빠르게 하고 싶어 불을 너무 세게 하면, 술에서 탄내가 나거나 붉은색을 띱니다. 이렇게 주질이 나빠지면 음용하기 어려운 술이 됩니다.

2. 식초 만들기

웰빙의 끝판 왕

몸에 좋은 식초 만들기

우리나라에서 식초를 사용한 정확한 시기는 알 수 없습니다만,《음식디미방》,《조선무쌍신식요리제법(朝鮮無雙新式料理製法)》,《규합총서(閨閤叢書)》,《산가요록(山家要錄)》 등 각종 고문헌 음식 조리서에 만드는 법이 있고 《향약구급방(鄕藥救急方)》,《동의보감(東醫寶鑑)》에 약 처방에 대한 글이 있는 것으로 보아 식초의 긴 역사와 중요성은 이루 말할 수 없을 것 같습니다. 식초는 혈행을 개선하고, 항노화 작용을 하며, 살균 기능이 있습니다. 다이어트, 피로회복, 피부 진정 등에도 도움을 주는 웰빙 식품입니다.

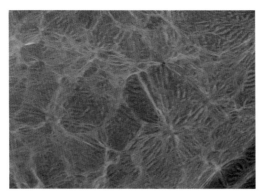

▲ 식초에 성공적으로 초산균이 생육하면서 생긴 초막

식초의 분류

공업용 빙초산

석유에서 뽑아낸 아세트산입니다.

식용 빙초산

공업용 빙초산에서 몸에 해로운 각종 중금속만 제거한 빙초산입니다.

물과 희석한 초산

식용 빙초산을 음용 가능한 물에 희석해 만든 초산입니다.

양조 식초

곡류 및 과일류를 발효시켜 만들거나 주정으로 만든 식초로, 합성 아세트산이 들어가지 않은 식초입니다. 막걸리 식초, 청주 식초 그리고 주정 식초가 있습니다.

과일 식초

과일을 주 원료로 발효시켜 만든 식초로 양조 식초 중의 일부입니다. 요즘 유행하는 감 식초, 포도 식초 등이 해당됩니다.

천연 식초 만드는 법

1단계 잘 빚은 막걸리를 가라앉히고 위에 뜬 맑은 술만 준비합니다.

2단계 알코올을 측정하고 가수공식을 이용해 가수해 알코올 도수를 6~8% 정도로 맞춥니다.

3단계 깨끗이 소독한 유리병이나 항아리에 맑은 술을 넣습니다.

🔍 여기서, 잠깐!

실패 없이 빠르게 식초를 만들기 위해 종초를 일정량 넣어도 좋습니다.

4단계 촘촘한 베 보자기나 면포로 입구를 막습니다.

5단계 온도가 30도 되며, 공기가 잘 통하는 그늘에 놓습니다(햇빛이 있으면 안 됨).

6단계 표면에 초막이 생길 때마다 저어서 가라앉혀줍니다.

7단계 3~4주 뒤면 식초가 완성됩니다.

8단계 완성된 식초의 총산을 측정해 총산이 4~6%면 완성입니다. 총산을 측정할 수 있는 장비가 없을 때는 다음의 식초 만드는 Tip 1을 따라 합니다.

9단계 병입해 6~12개월 냉장(0~3℃)숙성 후 음용하면 좋습니다.

총산 측정하는 법

1단계 내가 만든 식초 10㎖를 90㎖의 물과 혼합해 묽은 식초를 만듭니다.

2단계 묽은 식초 중 20㎖를 삼각플라스크에 넣고 페놀프탈레인용액을 세 방울을 넣고 잘 저어줍니다.

3단계 10㎖ 용량의 주사기에 수산화나트륨용액(0.1N)을 넣고 묽은 식초가 담긴 삼각플라스크에 1㎖씩 계속 넣어주며 잘 저어주다가 붉은색이 돌기 시작하면 멈추고, 붉은색이 30초간 지속되면 완성입니다(지속되지 않고 사라지면 수산화나트륨을 계속 넣어준다).

4단계 총산 = 투입된 수산화나트륨양×0.3

식초 만드는 TIP

1. 총산을 측정할 수 있는 장비가 없을 때에는 대체방법으로 다음의 사진처럼 위에 10원짜리 동전을 올려놓습니다. 동전이 녹색이 되면 식초가 완성된 것입니다.

▲ 베 보자기 위에 동전을 올려놓은 모습

2. 완성된 식초를 따로 보관해뒀다가 다음 식초를 만들 때 섞어 넣으면 종초로써 빠른 식초 만들기에 도움을 줍니다.

3. 좋은 식초를 만들겠다고 너무 오래 놔두면 초산균이 초산을 이용해버려 식초를 망치게 됩니다(물이 되어버립니다).

4. 식초의 품질을 오랫동안 유지하려면 식초를 병입하고 약 70도 정도의 물에 20~30분 정도 담가둬 살균해주면 됩니다.

초 앉히는 초두루미

술을 넣고 식초를 만드는 항아리입니다. 길게 나온 부분이 두루미 입을 닮아서 '초두루미'라고 합니다.

▲ 초두루미

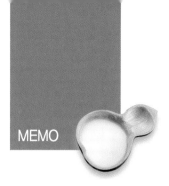

MEMO

3. 전통주 소믈리에 품평

전통주 품평회 심사기준

 평가항목

맛, 향, 색상, 후미 및 종합적 관능평가, 시료 제시 방법

▶ 관능평가 시 선입견이 발생하지 않도록 시료를 무작위로 제시합니다.

　예 시료 제시 순서는 무작위 세 자리 고유번호(난수표)를 부여해 제시합니다.

▶ 특이한 제시 조건(온도, 얼음사용, 용기 등)은 행사추진위원회의 검토를 거쳐 결정합니다.

▶ **배점** : 심사배점은 '별첨'의 배점표에 의거하며, 각 부문별 100점 만점으로 합니다.

관능평가 항목별 기준

▶ **맛** : 술을 한 모금 입안에 담아 혀를 굴려가며, 단맛, 신맛, 쓴맛과 전체적인 맛의 균형감을 평가합니다.

▶ **향** : 술의 냄새를 맡아 향기와 이취 및 균형을 구분해 평가합니다.

▶ **상** : 술의 고유 색감(색의 감도)과 탁도를 관찰해 평가합니다.

▶ **후미** : 술을 마셨을 때 목에서 느껴지는 알코올 성분의 세기와 무게감(Body) 및 쾌감도를 평가합니다.

▶ **종합평가** : 술을 마시고 난 후 느껴지는 전반적인 기호도를 종합적으로 평가합니다.

▶ **기타** : 한 가지 술에 대한 관능평가 후 반드시 안주나 물로 입안을 헹구고 나서 다음 시료를 평가합니다.

평가방법

 점수 계산 및 부문별 순위 결정

각 심사위원의 평가항목별 점수를 합계해 고득점순으로 순위를 선정

▶ 제품의 점수에서 동점이 발생할 경우에 '맛 > 향 > 색상 > 전체적인 평가' 항목순으로 점수를 비교해 점수가 높은 제품을 선택합니다.

▶ 기타

* 심사에 사용되는 소수점수는 사사오입해 소수점 둘째 자리까지 사용합니다.
  • 평가표의 정정 : 평가자가 평가한 점수를 정정한 경우에는 평가자 본인이 정정한 부분에 정정날인합니다.
* 정정날인을 하지 않거나 표기사항이 애매한 평가표는 무효 처리합니다.
  • 평가결과의 집계 검증 : 주관기관 소속직원으로 구성됩니다.
  • 결과 보고 : 평가결과는 신속히 집계한 후 농·식품부 및 실용화재단에 제출하며, 심사위원 개개인이 평가한 결과는 공개하지 않습니다.

심사 준비물

▶ 검사물 제시에 필요한 술잔
▶ 물, 물컵, 주전자, 식빵, 입 헹굼용 빈 용기, 냅킨 등
▶ 제품별 심사표, 지우개, 펜 등
▶ 심사 후 바로 점수를 입력·집계해 결과를 얻을 수 있도록 통계분석을 위한 엑셀 프로그램이 장착된 노트북 준비

막걸리 심사 평가항목 및 배점표

샘플번호			평가결과		(점)
평가자 성명		(인)			
정정횟수		(건)	확인자 성명		(인)

항목 (배점)	평가기준	배점	평가
색 및 탁도 (10점)	※ 외관상 막걸리의 특징적인 색 및 탁도에 따라 평가		
	약간 벗어난 색상 및 탁도	5	
	무난한 색상 및 탁도	7	
	뛰어난 특징적인 색상 및 탁도	10	
향 (25점)	※ 막걸리의 특징적인 향의 존재 및 균형에 따라 평가		
	균형 잡히지 않은(바람직하지 않은) 싫은 향	10	
	보통의 무난한 향	15	
	균형된 좋은 향	20	
	아주 균형 있는 특유의 좋은 향	25	
맛 (40점)	※ 막걸리의 특징적인 맛과 느낌의 균형성에 따라 평가		
	바람직하지 않은(조화롭지 못한) 나쁜 맛	10	
	균형이 잡히지 않은 나쁜 맛	15	
	보통의 무난한 맛	25	
	균형 잡힌 유쾌한 맛	30	
	균형이 잘 잡히고 막걸리의 특징적인 아주 좋은 맛	40	
후미 (15점)	※ 막걸리의 목 넘김 후의 느낌에 따라 평가		
	싫은 느낌	5	
	보통	10	
	좋은 느낌	15	
종합적 평가 (10점)	※ 막걸리의 색상, 향, 맛 및 후미 등을 종합적으로 평가		
	나쁨	4	
	보통	6	
	좋음	8	
	아주 좋음	10	
심사총평			

증류식 소주 심사 평가항목 및 배점표

샘플번호		평가결과		(점)
평가자 성명	(인)			
정정횟수	(건)	확인자 성명		(인)

항목 (배점)	평가기준	배점	평가
색 및 탁도 (10점)	※ 외관상 소주의 특징적인 색상에 따라 평가		
	유쾌하지 않은 색상 및 혼탁	4	
	약간 벗어난 색상	6	
	무난한 색상 및 탁도	8	
	맑고 깨끗하며 뛰어난 특징적인 색상	10	
향 (25점)	※ 이취의 유무 및 고유의 다양한 좋은 냄새의 조화도에 따라 평가		
	이취가 있고 바람직하지 않은 싫은 향	10	
	부드러우나 이취가 약간 있고 조화롭지 못한 향	15	
	부드럽고 균형 잡힌 향	20	
	이취가 없고 다양한 향이 균형 잡힌 좋은 향	25	
맛 (35점)	※ 특징적인 맛과 느낌의 균형성에 따라 평가		
	바람직하지 않은(조화롭지 못한) 나쁜 맛	10	
	이미가 있으며 균형이 잡히지 않은 맛	15	
	보통의 무난한 맛	25	
	맛의 조화가 적절하며 좋은 맛	30	
	균형이 잘 잡히고 조화로운 아주 좋은 맛	35	
후미 (20점)	※ 목 넘김 후 느낌에 따라 평가		
	싫은 느낌(부조화, 불쾌한 느낌)	10	
	보통	15	
	좋은 느낌(조화, 유쾌한 느낌)	20	
종합적 평가 (10점)	※ 색상, 향, 맛 및 후미 등을 종합적으로 평가		
	나쁨	4	
	보통	6	
	좋음	8	
	아주 좋음	10	
심사총평			

MEMO

4. 주류 제조 판매 허가 및 취득, 기본 안내사항

하우스 막걸리

나만의 술 제조 판매

주류 제조업 면허 받기

식품접객업 영업 허가를 받은 후 하우스 막걸리를 제조하기 위한 하우스 막걸리 시설기준에 따른 일정시설을 갖춰야 합니다.

시설기준

- ▶ 담금 발효 및 제성조 1kL 이상~5kL 미만
- ▶ 알코올 측정 장비(간이증류기 1대, 주정계 1조(0.2도 눈금 0~30도))

제조 및 판매 공간조건

▶ 제조장은 영업장과 구분되어야 하지만 같은 공간에 있어야 합니다. 영업장 본점 및 지점에서 음용 및 병입 판매가 가능합니다.

▶ 판매 대상은 최종소비자 그리고 타 사업자의 영업장에 판매 가능합니다.

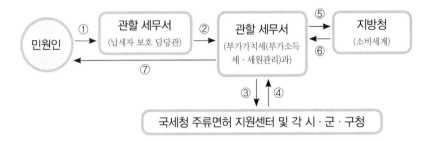

① 제조면허 신청서 접수   ② 소관과 인계   ③ 제조방법 검토 의뢰 및 면허요건 조회
④ 회보   ⑤ 지방청 송부   ⑥ 지방청 승인 통보   ⑦ 세무서 통보

주류제조면허 취득절차

관할 세무서에 주류제조면허 신청

신청 처리기간 45일

주류제조장 시설조건부면허 취득

부관지정사항 확인

제조시설 착공 신고

면허 받은 후 1년 이내 착공
(소규모 주류 6개월)

완공 후 제조설비 신고서 제출

– 제조시설, 설비내역서 및 설명서, 용량표
– 양조용수수질검사성적서

면허 받은 후 3년 이내 완공(소규모 주류 1년)
6개월 이내 적합판정을 받은 수질검사적합서

시설 확인 · 용기 검정

주류별 시설기준 충족 살균 제반
시설 구비(살균 탁주, 살균 약주의 경우)

제조면허 취득

면허 신청 시 구비서류 및 확인사항[규정 부표 제1호]

민원인 제출서류

1 주류제조면허 신청서(정부 수입인지 50,000원 첨부)

2 사업계획서

3 제조장 소재지의 국토이용계획획확인원

4 제조장부지 및 건물(공장)의 자가소유증명서류 또는 임대차계약서

5 제조장의 위치도, 평면도, 제조시설배치도

6 제조시설 및 설비 등 설명서 및 용량표

7 제조공정도 및 제조방법설명서

8 법인의 경우 정관, 주주총회 또는 이사회회의록, 주주 및 임원 명부

9 개인신청자 공동사업일 경우 동업계약서 사본

10 전통주의 경우 문화재청장 또는 시·도지사의 추천서 사본

11 소규모 주류재조자의 경우 식품접객업 허가증 또는 신고증 사본

면허제안[주세법 제10조]

1 면허가 취소된 후 2년 이내의 경우

2 국세(지방세)를 체납한 경우

3 국세(지방세)를 50만 원 이상 포탈해 처벌 또는 처분을 받은 후 5년 이내의 경우(대리인, 임원, 지배인 포함)

4 가공거래에 따라 처벌을 받은 후 5년 이내의 경우(대리인, 임원, 지배인 포함)

5 금고 이상의 실형으로 집행이 끝나거나 면제된 날부터 5년 이내의 경우(대리인, 임원, 지배인 포함)

6 금고 이상의 형으로 집행 유예시간 중에 있는 경우(대리인, 임원, 지배인 포함)

7 면허 신청인이 파산선고를 받고 복권되지 않은 경우

8 주세법 위반으로 조사 중이거나 고발 중일 때

9 제조장 위치가 과년법령에 어긋나서 부적당한 경우

면허유형별 비교

면허유형	세율	과세표준	원료사용
소규모 주류 면허 (탁주, 약주, 청주)	• 탁주 : 5% • 약주 및 청주 : 30%(청주 교육세 : 10%)	제조원가 (재료비, 제조경비, 이윤 등의 80%)	제한 없음.
소규모 주류 면허 (맥주)	72% (교육세 30%)	제조원가 40%, 60%, 80%	제한 없음.
전통주 면허 (탁주, 약주, 청주)	50% 감면 (500kg 제조, 200kg 선출고)	제조원가 (용기 및 포장비용 제외)	제조장 소재지 및 인접지역 생산
일반 면허 (탁주, 양주, 청주)	• 탁주 : 5% • 약주 및 청주 : 30%(청주 교육세 : 10%)	제조원가 (재료비, 제조경비, 이윤 등)	제한 없음.

주류 제조장 시설기준(비교) 유형별 비교

면허유형	담금 저장 제성 용기	시험시설	그 외 시설
소규모 주류 제조자 시설기준 (탁주, 양주, 청주)	1kL 이상 ~5kL 미만	• 간이 증류기 : 1대 • 주정계 : 0.2도 눈금 0~30도 1조	–
소규모 주류 제조자 시설기준 (맥주)	• 당화, 여과, 자비조 : 0.5kL 이상 • 담금 및 저장조 : 5kL 이상 ~75kL 미만	• 간이 증류기 : 1대 • 주정계 : 0.2도 눈금 0~30도 1조	–
지역 특산주 시설기준 (탁주, 양주, 청주)	건물－담금실 : 10m² 이상	• 간이 증류기 : 1대 • 주정계 : 0.2도 눈금 0~30도 1조	–
일반적 시설기준 (탁주, 약주)	• 담금(발효)조 총 용량 : 3kL 이상 • 제성조 총 용량 : 2kL 이상	• 간이 증류기 : 1대 • 주정계 : 0.2도 눈금 0~30도 1조	–

주류 제조 시 허가된 첨가재료들

구분	첨가재료의 종류
당분	• **설탕**(백설탕, 갈색설탕, 흑설탕 및 시럽을 포함.) • **포도당**(액상포도당, 정제포도당, 함수결정포도당 및 무수결정포도당을 포함.) • **엿류**(물엿, 맥아엿 및 덩어리엿 포함.) • **당시럽류**(당밀시럽 및 단풍당시럽 포함.) • **올리고당류 및 꿀**
산분	젖산, 호박산, 식초산, 푸말산, 글루콘산, 주석산, 구연산, 사과산 또는 탄닌산
조미료	아미노산류, 글리세린, 덱스트린, 홉, 무기염류, 그 밖에 국세청장이 정하는 것
향료	퓨젤유, 에스테르류, 알데히드류, 그 밖에 국세청장이 정하는 것
색소	식품위생법에 따라 허용되는 것

주세법상

술의 분류

제5조(주류의 종류) ① 주류의 종류는 다음과 같다.

1. 주정

2. 발효주류

    가. 탁주

    나. 약주

    다. 청주

    라. 맥주

    마. 과실주

3. 증류주류

    가. 소주

    나. 위스키

    다. 브랜디

    라. 일반 증류주

마. 리큐르

4. 기타 주류

② 제1항에 따른 주류의 종류별 세부 내용은 별표와 같다.

[별표]

주류의 종류별 세부 내용(제5조 제2항 관련)

2. 발효주류

가. 탁주

1) 녹말이 포함된 재료(발아시킨 곡류는 제외한다)와 국(麴) 및 물을 원료로 하여 발효시킨 술덧을 여과하지 아니하고 혼탁하게 제성한 것

2) 녹말이 포함된 재료(발아시킨 곡류는 제외한다), 국(麴), 다음의 어느 하나 이상의 재료 및 물을 원료로 하여 발효시킨 술덧을 여과하지 아니하고 혼탁하게 제성한 것

가) 당분

나) 과일·채소류

3) 1) 또는 2)에 따른 주류의 발효·제성 과정에 대통령령으로 정하는 재료를 첨가한 것

(중략)

4. 기타 주류

가. 용해하여 알코올분 1도 이상의 음료로 할 수 있는 가루 상태인 것

나. 발효에 의하여 제성한 주류로서 제2호에 따른 주류 외의 것

다. 쌀 및 입국(粒麴: 쌀에 곰팡이류를 접종하여 번식시킨 것)에 주정
   을 첨가하여 여과한 것 또는 이에 대통령령으로 정하는 재료
   를 첨가하여 여과한 것

라. 발효에 의하여 만든 주류와 제1호 또는 제3호에 따른 주류를
   섞은 것으로서 제2호에 따른 주류 외의 것

마. 그 밖에 제1호부터 제3호까지 및 제4호 가목부터 라목까지의
   규정에 따른 주류 외의 것

MEMO

주세법상

술의 정의

제2조(정의) 이 법에서 사용하는 용어의 뜻은 다음과 같다.

1. '주류'란 다음 각 목의 것을 말한다.

    가. 주정(酒精)[희석하여 음용할 수 있는 에틸알코올을 말하며, 불순물이 포함되어 있어서 직접 음용할 수는 없으나 정제하면 음용할 수 있는 조주정(粗酒精)을 포함한다.]

    나. 알코올분 1도 이상의 음료[용해(鎔解)하여 음용할 수 있는 가루 상태인 것을 포함하되, '약사법'에 따른 의약품 및 알코올을 함유한 조미식품으로서 대통령령으로 정하는 것은 제외한다.]

2. '알코올분'이란 전체용량에 포함되어 있는 에틸알코올(섭씨 15도에서 0.7947의 비중을 가진 것을 말한다)을 말한다.

3. '주류의 규격'이란 주류를 구분하는 다음 각 목의 기준을 말한다.

    가. 주류의 제조에 사용되는 원료의 사용량

    나. 주류에 첨가할 수 있는 재료의 종류 및 비율

다. 주류의 알코올분 및 불휘발분의 함량

라. 주류를 나무통에 넣어 저장하는 기간

마. 주류의 여과방법

바. 그 밖의 주류 구분기준

4. '불휘발분'이란 전체 용량에 포함되어 있는 휘발되지 아니하는 성분을 말한다.

5. '밑술'이란 효모를 배양·증식한 것으로서 당분이 포함되어 있는 물질을 알코올 발효시킬 수 있는 재료를 말한다.

6. '술덧'이란 주류의 원료가 되는 재료를 발효시킬 수 있는 수단을 재료에 사용한 때부터 주류를 제성(製成 : 조제하여 만듦)하거나 증류(蒸溜)하기 직전까지의 상태에 있는 재료를 말한다.

7. '주조연도'란 매년 1월 1일부터 12월 31일까지의 기간을 말한다.

8. '전통주'란 다음 각 목의 어느 하나에 해당하는 주류를 말한다.

가. '무형문화재 보전 및 진흥에 관한 법률' 제17조에 따라 인정된 주류부문의 국가무형문화재 보유자 및 같은 법 제32조에 따라 인정된 주류 부문의 시·도 무형문화재 보유자가 제조하는 주류

나. '식품산업진흥법' 제14조에 따라 지정된 주류 부문의 대한민국 식품명인이 제조하는 주류

다. '농업·농촌 및 식품산업 기본법' 제3조에 따른 농업경영체 및 생산자단체와 '수산업·어촌발전 기본법' 제3조에 따른 어업경영체 및 생산자단체가 직접 생산하거나 주류제조장 소재지 관할 특별자치시·특별자치도 또는 시·군·구(자치구를 말한다. 이하 같다) 및 그 인접 특별자치시 또는 시·군·구에서 생산한 농산물을 주

원료로 하여 제조하는 주류로서 '전통주 등의 산업 진흥에 관한 법률' 제8조 제1항에 따라 특별시장·광역시장·특별자치시장·도지사·특별자치도지사의 추천을 받아 제조하는 주류

9. '국(麴)'이란 다음 각 목의 것을 말한다.

　가. 녹말이 포함된 재료에 곰팡이류를 번식시킨 것

　나. 녹말이 포함된 재료와 그 밖의 재료를 섞은 것에 곰팡이류를 번식시킨 것

　다. 효소로서 녹말이 포함된 재료를 당화(糖化 : 조제하여 만듦)시킬 수 있는 것

10. '주류 제조 위탁자'란 자신의 상표명으로 자기 책임과 계산에 따라 주류를 판매하기 위하여 '주류 면허 등에 관한 법률' 제3조 제8항에 따라 주류의 제조를 다른 자에게 위탁하는 자를 말한다.

11. '주류 제조 수탁자'란 주류 제조 위탁자로부터 '주류 면허 등에 관한 법률' 제3조 제8항에 따라 주류의 제조를 위탁받아 해당 주류를 제조하는 자를 말한다.

주류제조면허신청서

※ 뒤쪽의 작성방법을 읽고 작성해주시기 바라며, [ ]에는 해당되는 곳에 √합니다.　　(앞쪽)

접수번호		접수일		발급일		처리기한	45일

❶ 신청인	성명(대표자)		주민(법인)등록번호	
	상호(법인명)		사업자등록번호	
	주소(본점 소재지)		전화번호	
	제조장 소재지		전화번호(전자우편)	

❷ 신청내용

신청	① 주류	② 밑술	③ 술덧

제조할 주류의 종류와 규격	
제조방법	
매주조연도제조예정수량	

시험제조 또는	사유	
	기간	
	수량	

밑술 · 술덧 제조 목적	
영업개시연월일	

④ 종전면허연월일		⑤ 종전면허번호	

주세법	[ ]제6조	와 같은법 시행령	[ ]제4조	에 따라 위와 같이 신청합니다.
	[ ]제7조		[ ]제8조	

　　　　　　　　　　　　　　　　　　　　　　　　　　　　년　 월 　일

　　　　　　　　　　　　　　　　　신청인　　　　　　　(서명 또는 인)

　　　　　　　　　　세무서장 귀하

작성방법

1. ❶ 면허신청인의 인적사항을 정확히 적습니다.
　①~③ : 해당란에 "○" 표를 합니다.
3. ④ · ⑤ : 주세법 제6조제4항에 따라 공동면허를 취소하고 종전의 면허를 신청하는 경우 및 주세법 제16조

탁주 제조방법(신규, 추가, 변경)신청서

근거 : 주세법 시행령 제65조제1항

신청	① 제조장 명칭		② 전화번호	
	③ 대표자 성명		④ 사업자등록번호	
	⑤ 제조장 소재지			

신청내용						
⑥ 상표		⑦ 제조장에서 정한 제조방법		신규 또는 추가		변경 시 (종전번)

1. 입국 제조방법(원료명 : 쌀, 소맥분, 보리쌀, 옥분 등)

원료배합				
⑧ 원료명	⑨ 사용량(kg)	⑩ 조제종국(g)	⑪ 분말종국(g)	⑫ 종국사용비율

2. 밑술 제조방법

용기용량 (ℓ)	원료배합				
	⑬ 입국미(kg)	⑭ 효모(g)	⑮ 누룩(kg)	젖산(㎖)	급수(ℓ)

3. 주류1 담금제조방법

4. 각종 수량 및 비율

원료종류	원료	주류1 담금원료배합수량						발효제	담금조용기용량(ℓ)	
		밑술	1단	2단	3단	4단	계			
입국								(kg)	최종담금숙성술덧	
								(kg)	(%)	
								(kg)	후수수량(ℓ)	
누룩								(kg)	술지게미수량(ℓ)	
정제효소제								(g)	제성수량(ℓ)	
조효소제								(kg)		
식물								(kg)		
첨가재료								(kg)		
급수								(ℓ)		

주세법 시행령 제65조제1항에 따라 신청합니다.

년   월   일

신청인   (서명 또는 인)

세무서장 귀하

첨부서류 : 제조공정설명서 및 제조방법(신규, 추가, 변경)사유서 1부

MEMO

식품에 제한적으로 사용할 수 있는 원료는 식약청에 등록된 식
물성 원료 중에 몸에 해로운 독소가 거의 없는 원료입니다. 특
히 식물은 독성이 있는 원료가 많기 때문에 늘 참조해야 합니
다. 해당 원료에 포함되어 있지 않은 원료를 이용하려면 식약청
에 꼭 문의한 후 이용해야 할 것입니다.

5. 식품에 제한적으로 사용할 수 있는 원료

식품에 제한적으로 사용할 수 있는 원료

No	품목명	이명	학명	사용부위	사용조건
1	구절초	–	Chrysanthe	전초	–
2	금불초	선복화	Inula	꽃	–
3	노간주나무	노가주	Juniperus	열매	–
4	노루귀	–	Hepatica	뿌리	–
5	단삼	–	Salvia	뿌리	–
6	달개비	–	Commelina	전초	–
7	독활	땅두릅, 땃두	Aralia	뿌리	–
8	마가목	–	Sorbus	나무껍질	–
9	마카	Maca	Lepidium	뿌리	–
10	만삼	당삼	Codonopsis	뿌리	–
11	말굽버섯	–	Fomes	자실체	–
12	맥문동	–	Liriope	뿌리	–
13	배초향	곽향	Agastache	지상부	–
14	버드나무	Willow	Salix	가지, 가지껍질	–
15	보스웰리아	Boswellia,	Boswellia	검레진	–
16	복령	–	Poria cocos	균핵	–
17	봉출	–	Curcuma	뿌리(줄기)	–
18	붉은 토끼풀	Red clover	Trifolium	꽃	–
19	비파	–	Eriobotrya	잎	–
20	사상자	–	Torilis	열매	–
21	사인	–	Amomum	씨	–
22	산조인	–	Zizyphus	산대추 씨	–
23	삼백초	–	Saururus	지상부	–
24	삽주(백출)	–	Atractylode	뿌리, 줄기	–
25	삽주(창출)	–	Atractylode	뿌리, 줄기	–
26	서양산사자	Hawthon	Crataegus	열매	–

No	품목명	이명	학명	사용부위	사용조건
27	석창포	–	Acorus	뿌리(줄기)	–
28	쇠무릅	우슬, 쇠무릎	Achyranthe	뿌리	–
29	야로	Yarrow	Achillea	잎	–
30	약모밀	어성초	Houttuynia	전초	–
31	연	연자육	Nelumbo nucifera GAERTNER	씨	–
32	오리나무	–	Alnus japonica (Thunb.) Steudel	수피, 잎	–
33	옥수수(수염)	–	Zea mays L.	암술대	–
34	울금	강황, 심황	Curcuma domestica/ Curcuma longa/	뿌리(줄기)	–
35	원지	–	Polygala tenuifolia Willdenow	뿌리	–
36	은행나무	Ginko	Ginko biloba L.	잎	침출차의 원료로만
37	익모초	육모초	Leonurus sibiricus L.	지상부	–
38	익지인	익지의 열매	Alpinia oxyphylla miquel	열매	–
39	인동	금은화	Lonicera japonica Thunberg.	꽃(봉오리), 잎, 줄기	–
40	자바투메릭	Java(nese)	Curcuma xanthorriza L.	뿌리	–
41	작약	백작약, 참작약	Paeonia albiflora Pallas var.	뿌리	–
42	적작약	Paeoniae Radix	Paeonia obovata Maximowicz,	뿌리	–
43	쥐오줌풀	Valerian Root	Valerian offcinails L.	뿌리	–
44	지각	광귤나무	Citrus	열매	–
45	지황	–	Rehmanni	뿌리	–
46	진흙버섯	–	Phellinus	자실체	–

No	품목명	이명	학명	사용부위	사용조건
47	차가버섯	검은자작나무버섯	Fuscopori	자실체	–
48	천궁	–	Cnidium	뿌리	–
49	천문동	–	Asparagus	덩이뿌리	–
50	측백나무	측백엽	Biota	잎	–
51	치자나무	–	Gardenia	열매	–
52	칡	갈화	Pueraria	꽃	–
53	토사자	–	Cuscuta	씨앗	–
54	필발	Long	Piper	열매	–
55	향기제비꽃	Sweet	Viola	꽃	–
56	황칠나무	–	Textoria		

MEMO

주정분 온도 환산표는 실온 10~30도 이내일 때 각 온도에 따른
알코올 비중의 차이를 측정해 이를 알코올 도수로 표시하는 데
기본이 되는 표입니다.

6. 주정분 온도 환산표

0.1도당 주정분 온도 환산표

온도 ℃	주정분(용량%)									
	4.0	4.1	4.2	4.3	4.4	4.5	4.6	4.7	4.8	4.9
5.0	4.5	4.6	4.7	4.8	4.9	5.0	5.1	5.2	5.3	5.4
5.5										
6.0										
6.5										
7.0										
7.5										
8.0										
8.5										
9.0										
9.5										
10.0	4.5	4.6	4.7	4.8	4.9	5.0	5.1	5.2	5.3	5.4
10.5	4.4	4.5	4.6	4.7	4.8	4.9	5.0	5.1	5.2	5.3
11.0	4.4	4.5	4.6	4.7	4.8	4.9	5.0	5.1	5.2	5.3
11.5	4.3	4.4	4.5	4.6	4.7	4.8	4.9	5.0	5.1	5.2
12.0	4.3	4.4	4.5	4.6	4.7	4.8	4.9	5.0	5.1	5.2
12.5	4.2	4.3	4.4	4.5	4.6	4.7	4.8	4.9	5.0	5.1
13.0	4.2	4.3	4.4	4.5	4.6	4.7	4.8	4.9	5.0	5.1
13.5	4.1	4.2	4.3	4.4	4.5	4.6	4.7	4.8	4.9	5.0
14.0	4.1	4.2	4.3	4.4	4.5	4.6	4.7	4.8	4.9	5.0
14.5	4.0	4.1	4.2	4.3	4.4	4.5	4.6	4.7	4.8	4.9
15.0	4.0	4.1	4.2	4.3	4.4	4.5	4.6	4.7	4.8	4.9
15.5	3.9	4.0	4.1	4.2	4.3	4.4	4.5	4.6	4.7	4.8
16.0	3.9	4.0	4.1	4.2	4.3	4.4	4.5	4.6	4.7	4.8
16.5	3.8	3.9	4.0	4.1	4.2	4.3	4.4	4.5	4.6	4.7
17.0	3.8	3.9	4.0	4.1	4.2	4.3	4.4	4.5	4.6	4.7
17.5	3.7	3.8	3.9	4.0	4.1	4.2	4.3	4.4	4.5	4.6
18.0	3.7	3.8	3.9	4.0	4.1	4.2	4.3	4.4	4.5	4.6
18.5	3.6	3.7	3.8	3.9	4.0	4.1	4.2	4.3	4.4	4.5
19.0	3.6	3.6	3.7	3.8	3.9	4.0	4.1	4.2	4.3	4.4
19.5	3.5	3.5	3.6	3.7	3.8	3.9	4.0	4.1	4.2	4.3
20.0	3.4	3.5	3.6	3.7	3.8	3.9	4.0	4.1	4.2	4.3
20.5	3.3	3.4	3.5	3.6	3.7	3.8	3.9	4.0	4.1	4.2
21.0	3.3	3.4	3.5	3.6	3.7	3.8	3.9	4.0	4.1	4.2
21.5	3.2	3.3	3.4	3.5	3.6	3.7	3.8	3.9	4.0	4.1
22.0	3.2	3.2	3.3	3.4	3.5	3.6	3.7	3.8	3.9	4.0
22.5	3.1	3.2	3.3	3.4	3.5	3.6	3.6	3.7	3.8	3.9
23.0	3.1	3.1	3.2	3.3	3.4	3.5	3.6	3.7	3.8	3.9
23.5	3.0	3.0	3.1	3.2	3.3	3.4	3.5	3.6	3.7	3.8
24.0	2.9	2.9	3.0	3.1	3.2	3.3	3.4	3.5	3.6	3.7
24.5	2.8	2.8	2.9	3.0	3.1	3.2	3.3	3.4	3.5	3.6
25.0	2.7	2.7	2.8	2.9	3.0	3.1	3.2	3.3	3.4	3.5

온도	주정분(용량%)									
℃	5.0	5.1	5.2	5.3	5.4	5.5	5.6	5.7	5.8	5.9
5.0	5.5	5.6	5.7	5.8	5.9	6.0	6.1	6.2	6.3	6.4
5.5										
6.0										
6.5										
7.0										
7.5										
8.0										
8.5										
9.0										
9.5										
10.0	5.5	5.6	5.7	5.8	5.9	6.0	6.1	6.2	6.3	6.4
10.5	5.4	5.5	5.6	5.7	5.8	5.9	6.0	6.1	6.2	6.3
11.0	5.4	5.5	5.6	5.7	5.8	5.9	6.0	6.1	6.2	6.3
11.5	5.3	5.4	5.5	5.6	5.7	5.8	5.9	6.0	6.1	6.2
12.0	5.3	5.4	5.5	5.6	5.7	5.8	5.9	6.0	6.1	6.2
12.5	5.2	5.3	5.4	5.5	5.6	5.7	5.8	5.9	6.0	6.1
13.0	5.2	5.3	5.4	5.5	5.6	5.7	5.8	5.9	6.0	6.1
13.5	5.1	5.2	5.3	5.4	5.5	5.6	5.7	5.8	5.9	6.0
14.0	5.1	5.2	5.3	5.4	5.5	5.6	5.7	5.8	5.9	6.0
14.5	5.0	5.1	5.2	5.3	5.4	5.5	5.6	5.7	5.8	5.9
15.0	5.0	5.1	5.2	5.3	5.4	5.5	5.6	5.7	5.8	5.9
15.5	4.9	5.0	5.1	5.2	5.3	5.4	5.5	5.6	5.7	5.8
16.0	4.9	5.0	5.1	5.2	5.3	5.4	5.5	5.6	5.7	5.8
16.5	4.8	4.9	5.0	5.1	5.2	5.3	5.4	5.5	5.6	5.7
17.0	4.8	4.9	5.0	5.1	5.2	5.3	5.4	5.5	5.6	5.7
17.5	4.7	4.8	4.9	5.0	5.1	5.2	5.3	5.4	5.5	5.6
18.0	4.7	4.8	4.9	5.0	5.1	5.2	5.3	5.4	5.5	5.6
18.5	4.6	4.7	4.8	4.9	5.0	5.1	5.2	5.3	5.4	5.5
19.0	4.5	4.6	4.7	4.8	4.9	5.0	5.1	5.2	5.3	5.4
19.5	4.4	4.5	4.6	4.7	4.8	4.9	5.0	5.1	5.2	5.3
20.0	4.4	4.5	4.6	4.7	4.8	4.9	5.0	5.1	5.2	5.3
20.5	4.3	4.4	4.5	4.6	4.7	4.8	4.9	5.0	5.1	5.2
21.0	4.3	4.3	4.4	4.5	4.6	4.7	4.8	4.9	5.0	5.1
21.5	4.2	4.2	4.3	4.4	4.5	4.6	4.7	4.8	5.9	5.0
22.0	4.1	4.2	4.3	4.4	4.5	4.6	4.7	4.8	4.9	5.0
22.5	4.0	4.1	4.2	4.3	4.4	4.5	4.6	4.7	4.8	4.9
23.0	4.0	4.0	4.1	4.2	4.3	4.4	4.5	4.6	4.7	4.8
23.5	3.9	3.9	4.0	4.1	4.2	4.3	4.4	4.5	4.6	4.7
24.0	3.8	3.9	4.0	4.1	4.2	4.3	4.4	4.5	4.6	4.7
24.5	3.7	3.8	3.9	4.0	4.1	4.2	4.3	4.4	4.5	4.6
25.0	3.6	3.7	3.8	3.9	4.0	4.1	4.2	4.3	4.4	4.5

온도 °C	주정분(용량%)									
	6.0	6.1	6.2	6.3	6.4	6.5	6.6	6.7	6.8	6.9
5.0	6.6	6.7	6.8	6.9	7.0	7.1	7.2	7.3	7.4	7.5
5.5										
6.0										
6.5										
7.0										
7.5										
8.0										
8.5										
9.0										
9.5										
10.0	6.5	6.6	6.7	6.8	6.9	7.0	7.1	7.2	7.3	7.4
10.5	6.4	6.5	6.6	6.7	6.8	6.9	7.0	7.1	7.2	7.3
11.0	6.4	6.5	6.6	6.7	6.8	6.9	7.0	7.1	7.2	7.3
11.5	6.3	6.4	6.5	6.6	6.7	6.8	6.9	7.0	7.1	7.2
12.0	6.3	6.4	6.5	6.6	6.7	6.8	6.9	7.0	7.1	7.2
12.5	6.2	6.3	6.4	6.5	6.6	6.7	6.8	6.9	7.0	7.1
13.0	6.2	6.3	6.4	6.5	6.6	6.7	6.8	6.9	7.0	7.1
13.5	6.1	6.2	6.3	6.4	6.5	6.6	6.7	6.8	6.9	7.0
14.0	6.1	6.2	6.3	6.4	6.5	6.6	6.7	6.8	6.9	7.0
14.5	6.0	6.1	6.2	6.3	6.4	6.5	6.6	6.7	6.8	6.9
15.0	6.0	6.1	6.2	6.3	6.4	6.5	6.6	6.7	6.8	6.9
15.5	5.9	6.0	6.1	6.2	6.3	6.4	6.5	6.6	6.7	6.8
16.0	5.9	6.0	6.1	6.2	6.3	6.4	6.5	6.6	6.7	6.8
16.5	5.8	5.9	6.0	6.1	6.2	6.3	6.4	6.5	6.6	6.7
17.0	5.8	5.9	6.0	6.1	6.2	6.3	6.4	6.5	6.6	6.7
17.5	5.7	5.8	5.9	6.0	6.1	6.2	6.3	6.4	6.5	6.6
18.0	5.7	5.8	5.9	6.0	6.1	6.2	6.3	6.4	6.5	6.6
18.5	5.6	5.7	5.8	5.9	6.0	6.1	6.2	6.3	6.4	6.5
19.0	5.5	5.6	5.7	5.8	5.9	6.0	6.1	6.2	6.3	6.4
19.5	5.4	5.5	5.6	5.7	5.8	5.9	6.0	6.1	6.2	6.3
20.0	5.4	5.5	5.6	5.7	5.8	5.9	6.0	6.1	6.2	6.3
20.5	5.3	5.4	5.5	5.6	5.7	5.8	5.9	6.0	6.1	6.2
21.0	5.2	5.3	5.4	5.5	5.6	5.7	5.8	5.9	6.0	6.1
21.5	5.1	5.2	5.3	5.4	5.5	5.6	5.7	5.8	5.9	6.0
22.0	5.1	5.2	5.3	5.4	5.5	5.6	5.7	5.8	5.9	6.0
22.5	5.0	5.1	5.2	5.3	5.4	5.5	5.6	5.7	5.8	5.9
23.0	4.9	5.0	5.1	5.2	5.3	5.4	5.5	5.6	5.7	5.8
23.5	4.8	4.9	5.0	5.1	5.2	5.3	5.4	5.5	5.6	5.7
24.0	4.8	4.9	5.0	5.1	5.2	5.3	5.4	5.5	5.6	5.7
24.5	4.7	4.7	4.8	4.9	5.0	5.1	5.2	5.3	5.4	5.5
25.0	4.6	4.6	4.7	4.8	4.9	5.0	5.1	5.2	5.3	5.4

온도	주정분(용량%)									
℃	7.0	7.1	7.2	7.3	7.4	7.5	7.6	7.7	7.8	7.9
5.0	7.7	7.8	7.9	8.0	8.1	8.2	8.3	8.4	8.5	8.6
5.5										
6.0										
6.5										
7.0										
7.5										
8.0										
8.5										
9.0										
9.5										
10.0	7.5	7.6	7.7	7.8	7.9	8.0	8.1	8.2	8.3	8.4
10.5	7.4	7.5	7.6	7.7	7.8	7.9	8.0	8.1	8.2	8.3
11.0	7.4	7.5	7.6	7.7	7.8	7.9	8.0	8.1	8.2	8.3
11.5	7.3	7.4	7.5	7.6	7.7	7.8	7.9	8.0	8.1	8.2
12.0	7.3	7.4	7.5	7.6	7.7	7.8	7.9	8.0	8.1	8.2
12.5	7.2	7.3	7.4	7.5	7.6	7.7	7.8	7.9	8.0	8.1
13.0	7.2	7.3	7.4	7.5	7.6	7.7	7.8	7.9	8.0	8.1
13.5	7.1	7.2	7.3	7.4	7.5	7.6	7.7	7.8	7.9	8.0
14.0	7.1	7.2	7.3	7.4	7.5	7.6	7.7	7.8	7.9	8.0
14.5	7.0	7.1	7.2	7.3	7.4	7.5	7.6	7.7	7.8	7.9
15.0	7.0	7.1	7.2	7.3	7.4	7.5	7.6	7.7	7.8	7.9
15.5	6.9	7.0	7.1	7.2	7.3	7.4	7.5	7.6	7.7	7.8
16.0	6.9	7.0	7.1	7.2	7.3	7.4	7.5	7.6	7.7	7.8
16.5	6.8	6.9	7.0	7.1	7.2	7.3	7.4	7.5	7.6	7.7
17.0	6.8	6.9	7.0	7.1	7.2	7.3	7.4	7.5	7.6	7.7
17.5	6.7	6.8	6.9	7.0	7.1	7.2	7.3	7.4	7.5	7.6
18.0	6.7	6.8	6.9	7.0	7.1	7.2	7.3	7.4	7.5	7.6
18.5	6.6	6.7	6.8	6.9	7.0	7.1	7.2	7.3	7.4	7.5
19.0	6.5	6.6	6.7	6.8	6.9	7.0	7.1	7.2	7.3	7.4
19.5	6.4	6.5	6.6	6.7	6.8	6.9	7.0	7.1	7.2	7.3
20.0	6.4	6.4	6.5	6.6	6.7	6.8	6.9	7.0	7.1	7.2
20.5	6.3	6.3	6.4	6.5	6.6	6.7	6.8	6.9	7.0	7.1
21.0	6.2	6.2	6.3	6.4	6.5	6.6	6.7	6.8	6.9	7.0
21.5	6.1	6.2	6.3	6.4	6.5	6.6	6.6	6.7	6.8	6.9
22.0	6.1	6.1	6.2	6.3	6.4	6.5	6.6	6.7	6.8	6.9
22.5	6.0	6.0	6.1	6.2	6.3	6.4	6.5	6.6	6.7	6.8
23.0	5.9	5.9	6.0	6.1	6.2	6.3	6.4	6.5	6.6	6.7
23.5	5.8	5.9	6.0	6.1	6.2	6.3	6.3	6.4	6.5	6.6
24.0	5.8	5.8	5.9	6.0	6.1	6.2	6.3	6.4	6.5	6.6
24.5	5.6	5.7	5.8	5.9	6.0	6.1	6.2	6.3	6.4	6.5
25.0	5.5	5.6	5.7	5.8	5.9	6.0	6.1	6.2	6.3	6.4

온도	주정분(용량%)									
℃	8.0	8.1	8.2	8.3	8.4	8.5	8.6	8.7	8.8	8.9
5.0	8.7	8.8	8.9	9.0	9.1	9.2	9.3	9.4	9.5	9.6
5.5										
6.0										
6.5										
7.0										
7.5										
8.0										
8.5										
9.0										
9.5										
10.0	8.5	8.6	8.7	8.8	8.9	9.0	9.1	9.2	9.3	9.4
10.5	8.4	8.5	8.6	8.7	8.8	8.9	9.0	9.1	9.2	9.3
11.0	8.4	8.5	8.6	8.7	8.8	8.9	9.0	9.1	9.2	9.3
11.5	8.3	8.4	8.5	8.6	8.7	8.8	8.9	9.0	9.1	9.2
12.0	8.3	8.4	8.5	8.6	8.7	8.8	8.9	9.0	9.1	9.2
12.5	8.2	8.3	8.4	8.5	8.6	8.7	8.8	8.9	9.0	9.1
13.0	8.2	8.3	8.4	8.5	8.6	8.7	8.8	8.9	9.0	9.1
13.5	8.1	8.2	8.3	8.4	8.5	8.6	8.7	8.8	8.9	9.0
14.0	8.1	8.2	8.3	8.4	8.5	8.6	8.7	8.8	8.9	9.0
14.5	8.0	8.1	8.2	8.3	8.4	8.5	8.6	8.7	8.8	8.9
15.0	8.0	8.1	8.2	8.3	8.4	8.5	8.6	8.7	8.8	8.9
15.5	7.9	8.0	8.1	8.2	8.3	8.4	8.5	8.6	8.7	8.8
16.0	7.9	8.0	8.1	8.2	8.3	8.4	8.5	8.6	8.7	8.8
16.5	7.8	7.9	8.0	8.1	8.2	8.3	8.4	8.5	8.6	8.7
17.0	7.8	7.9	8.0	8.1	8.2	8.3	8.4	8.5	8.6	8.7
17.5	7.7	7.8	7.9	8.0	8.1	8.2	8.3	8.4	8.5	8.6
18.0	7.7	7.8	7.9	8.0	8.1	8.2	8.3	8.4	8.5	8.6
18.5	7.6	7.7	7.8	7.9	8.0	8.1	8.2	8.3	8.4	8.5
19.0	7.5	7.6	7.7	7.8	7.9	8.0	8.1	8.2	8.3	8.4
19.5	7.4	7.5	7.6	7.7	7.8	7.9	8.0	8.1	8.2	8.3
20.0	7.3	7.4	7.5	7.6	7.7	7.8	7.9	8.0	8.1	8.2
20.5	7.2	7.3	7.4	7.5	7.6	7.7	7.8	7.9	8.0	8.1
21.0	7.1	7.2	7.3	7.4	7.5	7.6	7.7	7.8	7.9	8.0
21.5	7.0	7.1	7.2	7.3	7.4	7.5	7.6	7.7	7.8	7.9
22.0	7.0	7.0	7.1	7.2	7.3	7.4	7.5	7.6	7.7	7.8
22.5	6.9	6.9	7.0	7.1	7.2	7.3	7.4	7.5	7.6	7.7
23.0	6.8	6.9	7.0	7.1	7.2	7.3	7.4	7.5	7.6	7.7
23.5	6.7	6.8	6.9	7.0	7.1	7.2	7.3	7.4	7.5	7.6
24.0	6.7	6.7	6.8	6.9	7.0	7.1	7.2	7.3	7.4	7.5
24.5	6.6	6.6	6.7	6.8	6.9	7.0	7.1	7.2	7.3	7.4
25.0	6.5	6.5	6.6	6.7	6.8	6.9	7.0	7.1	7.2	7.3

온도	주정분(용량%)									
℃	9.0	9.1	9.2	9.3	9.4	9.5	9.6	9.7	9.8	9.9
5.0	9.8	9.9	10.0	10.1	10.2	10.3	10.4	10.5	10.6	10.7
5.5										
6.0										
6.5										
7.0										
7.5										
8.0										
8.5										
9.0										
9.5										
10.0	9.5	9.6	9.7	9.8	9.9	10.0	10.1	10.2	10.3	10.4
10.5	9.4	9.5	9.6	9.7	9.8	10.0	10.1	10.2	10.3	10.4
11.0	9.4	9.5	9.6	9.7	9.8	9.9	10.0	10.1	10.2	10.3
11.5	9.3	9.4	9.5	9.6	9.7	9.9	10.0	10.1	10.2	10.3
12.0	9.3	9.4	9.5	9.6	9.7	9.8	9.9	10.0	10.1	10.2
12.5	9.2	9.3	9.4	9.5	9.6	9.8	9.9	10.0	10.1	10.2
13.0	9.2	9.3	9.4	9.5	9.6	9.7	9.8	9.9	10.0	10.1
13.5	9.1	9.2	9.3	9.4	9.5	9.7	9.8	9.9	10.0	10.1
14.0	9.1	9.2	9.3	9.4	9.5	9.6	9.7	9.8	9.9	10.0
14.5	9.0	9.1	9.2	9.3	9.4	9.5	9.6	9.7	9.8	9.9
15.0	9.0	9.1	9.2	9.3	9.4	9.5	9.6	9.7	9.8	9.9
15.5	8.9	9.0	9.1	9.2	9.3	9.4	9.5	9.6	9.7	9.8
16.0	8.9	9.0	9.1	9.2	9.3	9.4	9.5	9.6	9.7	9.8
16.5	8.8	8.9	9.0	9.1	9.2	9.3	9.4	9.5	9.6	9.7
17.0	8.8	8.9	9.0	9.1	9.2	9.3	9.4	9.5	9.6	9.7
17.5	8.7	8.8	8.9	9.0	9.1	9.2	9.3	9.4	9.5	9.6
18.0	8.7	8.8	8.9	9.0	9.1	9.2	9.3	9.4	9.5	9.6
18.5	8.6	8.7	8.8	8.9	9.0	9.1	9.2	9.3	9.4	9.5
19.0	8.5	8.6	8.7	8.8	8.9	9.0	9.1	9.2	9.3	9.4
19.5	8.4	8.5	8.6	8.7	8.8	8.9	9.0	9.1	9.2	9.3
20.0	8.3	8.4	8.5	8.6	8.7	8.8	8.9	9.0	9.1	9.2
20.5	8.2	8.3	8.4	8.5	8.6	8.7	8.8	8.9	9.0	9.1
21.0	8.1	8.2	8.3	8.4	8.5	8.6	8.7	8.8	8.9	9.0
21.5	8.0	8.1	8.2	8.3	8.4	8.5	8.6	8.7	8.8	8.9
22.0	7.9	8.0	8.1	8.2	8.3	8.4	8.5	8.6	8.7	8.8
22.5	7.8	7.9	8.0	8.1	8.2	8.3	8.4	8.5	8.6	8.7
23.0	7.8	7.8	7.9	8.0	8.1	8.2	8.3	8.4	8.5	8.6
23.5	7.7	7.7	7.8	7.9	8.0	8.1	8.2	8.3	8.4	8.5
24.0	7.6	7.6	7.7	7.8	7.9	8.0	8.1	8.2	8.3	8.4
24.5	7.5	7.5	7.6	7.7	7.8	7.9	8.0	8.1	8.2	8.3
25.0	7.4	7.4	7.5	7.6	7.7	7.8	7.9	8.0	8.1	8.2

온도	주정분(용량%)									
℃	10.0	10.1	10.2	10.3	10.4	10.5	10.6	10.7	10.8	10.9
5.0	10.9	11.0	11.1	11.2	11.3	11.5	11.6	11.7	11.8	11.9
5.5										
6.0										
6.5										
7.0										
7.5										
8.0										
8.5										
9.0										
9.5										
10.0	10.6	10.7	10.8	10.9	11.0	11.1	11.2	11.3	11.4	11.5
10.5	10.5	10.6	10.7	10.8	10.9	11.1	11.2	11.3	11.4	11.5
11.0	10.5	10.6	10.7	10.8	10.9	11.0	11.1	11.2	11.3	11.4
11.5	10.4	10.5	10.6	10.7	10.8	11.0	11.1	11.2	11.3	11.4
12.0	10.4	10.5	10.6	10.7	10.8	10.9	11.0	11.1	11.2	11.3
12.5	10.3	10.4	10.5	10.6	10.7	10.9	11.0	11.1	11.2	11.3
13.0	10.3	10.4	10.5	10.6	10.7	10.8	10.9	11.0	11.1	11.2
13.5	10.2	10.3	10.4	10.5	10.6	10.7	10.8	10.9	11.0	11.1
14.0	10.2	10.3	10.4	10.5	10.6	10.7	10.8	10.9	11.0	11.1
14.5	10.1	10.2	10.3	10.4	10.5	10.6	10.7	10.8	10.9	11.0
15.0	10.0	10.1	10.2	10.3	10.4	10.5	10.6	10.7	10.8	10.9
15.5	9.9	10.0	10.1	10.2	10.3	10.4	10.5	10.6	10.7	10.8
16.0	9.9	10.0	10.1	10.2	10.3	10.4	10.5	10.6	10.7	10.8
16.5	9.8	9.9	10.0	10.1	10.2	10.3	10.4	10.5	10.6	10.7
17.0	9.8	9.9	10.0	10.1	10.2	10.3	10.4	10.5	10.6	10.7
17.5	9.7	9.8	9.9	10.0	10.1	10.2	10.3	10.4	10.5	10.6
18.0	9.7	9.8	9.9	10.0	10.1	10.2	10.3	10.4	10.5	10.6
18.5	9.6	9.7	9.8	9.9	10.0	10.1	10.2	10.3	10.4	10.5
19.0	9.5	9.6	9.7	9.8	9.9	10.0	10.1	10.2	10.3	10.4
19.5	9.4	9.5	9.6	9.7	9.8	9.9	10.0	10.1	10.2	10.3
20.0	9.3	9.4	9.5	9.6	9.7	9.8	9.9	10.0	10.1	10.2
20.5	9.2	9.3	9.4	9.5	9.6	9.7	9.8	9.9	10.0	10.1
21.0	9.1	9.2	9.3	9.4	9.5	9.6	9.7	9.8	9.9	10.0
21.5	9.0	9.1	9.2	9.3	9.4	9.5	9.6	9.7	9.8	9.9
22.0	8.9	9.0	9.1	9.2	9.3	9.4	9.5	9.6	9.7	9.8
22.5	8.8	8.9	9.0	9.1	9.2	9.3	9.4	9.5	9.6	9.7
23.0	8.7	8.8	8.9	9.0	9.1	9.2	9.3	9.4	9.5	9.6
23.5	8.6	8.7	8.8	8.9	9.0	9.1	9.2	9.3	9.4	9.5
24.0	8.5	8.6	8.7	8.8	8.9	9.0	9.1	9.2	9.4	9.4
24.5	8.4	8.5	8.6	8.7	8.8	8.9	9.0	9.1	9.2	9.3
25.0	8.3	8.4	8.5	8.6	8.7	8.8	8.9	9.0	9.1	9.2

온도 ℃	주정분(용량%)									
	11.0	11.1	11.2	11.3	11.4	11.5	11.6	11.7	11.8	11.9
5.0	12.1	12.2	12.3	12.4	12.5	12.6	12.7	12.8	12.9	13.0
5.5										
6.0										
6.5										
7.0										
7.5										
8.0										
8.5										
9.0										
9.5										
10.0	11.7	11.8	11.9	12.0	12.1	12.2	12.3	12.4	12.5	12.6
10.5	11.6	11.7	11.8	11.9	12.0	12.1	12.2	12.3	12.4	12.5
11.0	11.6	11.7	11.8	11.9	12.0	12.1	12.2	12.3	12.4	12.5
11.5	11.5	11.6	11.7	11.8	11.9	12.0	12.1	12.2	12.3	12.4
12.0	11.5	11.6	11.7	11.8	11.9	12.0	12.1	12.2	12.3	12.4
12.5	11.4	11.5	11.6	11.7	11.8	11.9	12.0	12.1	12.2	12.3
13.0	11.4	11.5	11.6	11.7	11.8	11.9	12.0	12.1	12.2	12.3
13.5	11.3	11.4	11.5	11.6	11.7	11.8	11.9	12.0	12.1	12.2
14.0	11.2	11.3	11.4	11.5	11.6	11.7	11.8	11.9	12.0	12.1
14.5	11.1	11.2	11.3	11.4	11.5	11.6	11.7	11.8	11.9	12.0
15.0	11.0	11.1	11.2	11.3	11.4	11.5	11.6	11.7	11.8	11.9
15.5	10.9	11.0	11.1	11.2	11.3	11.4	11.5	11.6	11.7	11.8
16.0	10.9	11.0	11.1	11.2	11.3	11.4	11.5	11.6	11.7	11.8
16.5	10.8	10.9	11.0	11.1	11.2	11.3	11.4	11.5	11.6	11.7
17.0	10.8	10.8	10.9	11.0	11.1	11.2	11.3	11.4	11.5	11.6
17.5	10.7	10.8	10.9	11.0	11.1	11.2	11.2	11.3	11.4	11.5
18.0	10.7	10.7	10.8	10.9	11.0	11.1	11.2	11.3	11.4	11.5
18.5	10.6	10.6	10.7	10.8	10.9	11.0	11.1	11.2	11.3	11.4
19.0	10.5	10.5	10.6	10.7	10.8	10.9	11.0	11.1	11.2	11.3
19.5	10.4	10.4	10.5	10.6	10.7	10.8	10.9	11.0	11.1	11.2
20.0	10.3	10.3	10.4	10.5	10.6	10.7	10.8	10.9	11.0	11.1
20.5	10.2	10.2	10.3	10.4	10.5	10.6	10.7	10.8	10.9	11.0
21.0	10.1	10.1	10.2	10.3	10.4	10.5	10.6	10.7	10.8	10.9
21.5	10.0	10.0	10.1	10.2	10.3	10.4	10.5	10.6	10.7	10.8
22.0	9.9	9.9	10.0	10.1	10.2	10.3	10.4	10.5	10.6	10.7
22.5	9.8	9.8	9.9	10.0	10.1	10.2	10.3	10.4	10.5	10.6
23.0	9.7	9.7	9.8	9.9	10.0	10.1	10.2	10.3	10.4	10.5
23.5	9.6	9.6	9.7	9.8	9.9	10.0	10.1	10.2	10.3	10.4
24.0	9.5	9.5	9.6	9.7	9.8	9.9	10.0	10.1	10.2	10.3
24.5	9.4	9.4	9.5	9.6	9.7	9.8	9.9	10.0	10.1	10.2
25.0	9.3	9.3	9.4	9.5	9.6	9.7	9.8	9.9	10.0	10.1

온도	주정분(용량%)									
℃	12.0	12.1	12.2	12.3	12.4	12.5	12.6	12.7	12.8	12.9
5.0	13.2	13.3	13.4	13.5	13.6	13.8	13.9	14.0	14.1	14.2
5.5	13.1	13.2	13.3	13.5	13.6	13.7	13.8	13.9	14.1	14.2
6.0	13.1	13.2	13.3	13.4	13.5	13.7	13.8	13.9	14.0	14.1
6.5	13.0	13.1	13.2	13.4	13.5	13.6	13.7	13.8	14.0	14.1
7.0	13.0	13.1	13.2	13.3	13.4	13.6	13.7	13.8	13.9	14.0
7.5	13.0	13.1	13.2	13.3	13.4	13.5	13.6	13.8	13.9	14.0
8.0	13.0	13.1	13.2	13.3	13.4	13.5	13.6	13.7	13.8	13.9
8.5	12.9	13.0	13.1	13.2	13.3	13.5	13.6	13.7	13.8	13.9
9.0	12.9	13.0	13.1	13.2	13.3	13.4	13.5	13.6	13.7	13.8
9.5	12.8	12.9	13.0	13.1	13.2	13.3	13.4	13.5	13.6	13.7
10.0	12.7	12.8	12.9	13.0	13.1	13.2	13.3	13.4	13.5	13.6
10.5	12.6	12.7	12.8	12.9	13.0	13.1	13.2	13.3	13.4	13.5
11.0	12.6	12.7	12.8	12.9	13.0	13.1	13.2	13.3	13.4	13.5
11.5	12.5	12.6	12.7	12.8	12.9	13.0	13.1	13.2	13.3	13.4
12.0	12.5	12.6	12.7	12.8	12.9	13.0	13.1	13.2	13.3	13.4
12.5	12.4	12.5	12.6	12.7	12.8	12.9	13.0	13.1	13.2	13.3
13.0	12.4	12.5	12.6	12.7	12.8	12.9	13.0	13.1	13.2	13.3
13.5	12.3	12.4	12.5	12.6	12.7	12.8	12.9	13.0	13.1	13.2
14.0	12.2	12.3	12.4	12.5	12.6	12.7	12.8	12.9	13.0	13.1
14.5	12.1	12.2	12.3	12.4	12.5	12.6	12.7	12.8	12.9	13.0
15.0	12.0	12.1	12.2	12.3	12.4	12.5	12.6	12.7	12.8	12.9
15.5	11.9	12.0	12.1	12.2	12.3	12.4	12.5	12.6	12.7	12.8
16.0	11.9	12.0	12.1	12.2	12.3	12.4	12.5	12.6	12.7	12.8
16.5	11.8	11.9	12.0	12.1	12.2	12.3	12.4	12.5	12.6	12.7
17.0	11.7	11.8	11.9	12.0	12.1	12.2	12.3	12.4	12.5	12.6
17.5	11.6	11.7	11.8	11.9	12.0	12.1	12.2	12.3	12.4	12.5
18.0	11.6	11.6	11.7	11.8	11.9	12.0	12.1	12.2	12.3	12.4
18.5	11.5	11.5	11.6	11.7	11.8	11.9	12.0	12.1	12.2	12.3
19.0	11.4	11.5	11.6	11.7	11.8	11.9	12.0	12.1	12.2	12.3
19.5	11.3	11.4	11.5	11.6	11.7	11.8	11.9	12.0	12.1	12.2
20.0	11.2	11.3	11.4	11.5	11.6	11.7	11.8	11.9	12.0	12.1
20.5	11.1	11.1	11.2	11.3	11.4	11.5	11.6	11.7	11.8	11.9
21.0	11.0	11.0	11.1	11.2	11.3	11.4	11.5	11.6	11.7	11.8
21.5	10.9	10.9	11.0	11.1	11.2	11.3	11.4	11.5	11.6	11.7
22.0	10.8	10.8	10.9	11.0	11.1	11.2	11.3	11.4	11.5	11.6
22.5	10.7	10.7	10.8	10.9	11.0	11.1	11.2	11.3	11.4	11.5
23.0	10.6	10.6	10.7	10.8	10.9	11.0	11.1	11.2	11.3	11.4
23.5	10.5	10.5	10.6	10.7	10.8	10.9	11.0	11.1	11.2	11.3
24.0	10.4	10.4	10.5	10.6	10.7	10.8	10.9	11.0	11.1	11.2
24.5	10.3	10.3	10.4	10.5	10.6	10.7	10.8	10.9	11.0	11.1
25.0	10.2	10.2	10.3	10.4	10.5	10.6	10.7	10.8	10.9	11.0

온도	주정분(용량%)									
℃	13.0	13.1	13.2	13.3	13.4	13.5	13.6	13.7	13.8	13.9
5.0	14.4	14.5	14.6	14.7	14.9	15.0	15.1	15.3	15.4	15.5
5.5	14.3	14.4	14.6	14.7	14.8	15.0	15.1	15.2	15.3	15.5
6.0	14.3	14.4	14.5	14.6	14.8	14.9	15.0	15.2	15.3	15.4
6.5	14.2	14.3	14.5	14.6	14.7	14.8	15.0	15.1	15.2	15.3
7.0	14.2	14.3	14.4	14.5	14.6	14.8	14.9	15.0	15.1	15.2
7.5	14.1	14.2	14.3	14.5	14.6	14.7	14.8	14.9	15.1	15.2
8.0	14.1	14.2	14.3	14.4	14.5	14.7	14.8	14.9	15.0	15.1
8.5	14.0	14.1	14.2	14.3	14.5	14.6	14.7	14.8	14.9	15.0
9.0	14.0	14.1	14.2	14.3	14.4	14.5	14.6	14.7	14.8	14.9
9.5	13.9	14.0	14.1	14.2	14.3	14.4	14.5	14.6	14.7	14.8
10.0	13.8	13.9	14.0	14.1	14.2	14.3	14.4	14.5	14.6	14.7
10.5	13.7	13.8	13.9	14.0	14.1	14.2	14.3	14.4	14.5	14.6
11.0	13.6	13.7	13.8	13.9	14.0	14.1	14.2	14.3	14.4	14.5
11.5	13.5	13.6	13.7	13.8	13.9	14.1	14.2	14.3	14.4	14.5
12.0	13.5	13.6	13.7	13.8	13.9	14.0	14.1	14.2	14.3	14.4
12.5	13.4	13.5	13.6	13.7	13.8	13.9	14.0	14.1	14.2	14.3
13.0	13.4	13.5	13.6	13.7	13.8	13.9	14.0	14.1	14.2	14.3
13.5	13.3	13.4	13.5	13.6	13.7	13.8	13.9	14.0	14.1	14.2
14.0	13.2	13.3	13.4	13.5	13.6	13.7	13.8	13.9	14.0	14.1
14.5	13.1	13.2	13.3	13.4	13.5	13.6	13.7	13.8	13.9	14.0
15.0	13.0	13.1	13.2	13.3	13.4	13.5	13.6	13.7	13.8	13.9
15.5	12.9	13.0	13.1	13.2	13.3	13.4	13.5	13.6	13.7	13.8
16.0	12.9	13.0	13.1	13.2	13.3	13.4	13.5	13.6	13.7	13.8
16.5	12.8	12.9	13.0	13.1	13.2	13.3	13.4	13.5	13.6	13.7
17.0	12.7	12.8	12.9	13.0	13.1	13.2	13.3	13.4	13.5	13.6
17.5	12.6	12.7	12.8	12.9	13.0	13.1	13.2	13.3	13.4	13.5
18.0	12.5	12.6	12.7	12.8	12.9	13.0	13.1	13.2	13.3	13.4
18.5	12.4	12.5	12.6	12.7	12.8	12.9	13.0	13.1	13.2	13.3
19.0	12.4	12.4	12.5	12.6	12.7	12.8	12.9	13.0	13.1	13.2
19.5	12.3	12.3	12.4	12.5	12.6	12.7	12.8	12.9	13.0	13.1
20.0	12.2	12.2	12.3	12.4	12.5	12.6	12.7	12.8	12.9	13.0
20.5	12.0	12.1	12.2	12.3	12.4	12.5	12.5	12.6	12.7	12.8
21.0	11.9	11.9	12.0	12.1	12.2	12.3	12.4	12.5	12.6	12.7
21.5	11.8	11.8	11.9	12.0	12.1	12.2	12.3	12.4	12.5	12.6
22.0	11.7	11.7	11.8	11.9	12.0	12.1	12.2	12.3	12.4	12.5
22.5	11.6	11.6	11.7	11.8	11.9	12.0	12.1	12.2	12.3	12.4
23.0	11.5	11.5	11.6	11.7	11.8	11.9	12.0	12.1	12.2	12.3
23.5	11.4	11.4	11.5	11.6	11.7	11.8	11.9	12.0	12.1	12.2
24.0	11.3	11.3	11.4	11.5	11.6	11.7	11.8	11.9	12.0	12.1
24.5	11.2	11.2	11.3	11.4	11.5	11.6	11.7	11.8	11.9	12.0
25.0	11.1	11.1	11.2	11.3	11.4	11.5	11.6	11.7	11.8	11.9

온도 ℃	주정분(용량%)									
	14.0	14.1	14.2	14.3	14.4	14.5	14.6	14.7	14.8	14.9
5.0	15.7	15.8	15.9	16.0	16.1	16.2	16.3	16.4	16.5	16.6
5.5	15.6	15.7	15.8	15.9	16.0	16.2	16.3	16.4	16.5	16.6
6.0	15.6	15.7	15.8	15.9	16.0	16.1	16.2	16.3	16.4	16.5
6.5	15.5	15.6	15.7	15.8	15.9	16.0	16.1	16.3	16.4	16.5
7.0	15.4	15.5	15.6	15.7	15.8	16.0	16.1	16.2	16.3	16.4
7.5	15.3	15.4	15.5	15.6	15.8	15.9	16.0	16.1	16.2	16.3
8.0	15.3	15.4	15.5	15.6	15.7	15.8	15.9	16.0	16.1	16.2
8.5	15.2	15.3	15.4	15.5	15.6	15.7	15.8	15.9	16.0	16.1
9.0	15.1	15.2	15.3	15.4	15.5	15.6	15.7	15.8	15.9	16.0
9.5	15.0	15.1	15.2	15.3	15.4	15.5	15.6	15.7	15.8	15.9
10.0	14.9	15.0	15.1	15.2	15.3	15.4	15.5	15.6	15.7	15.8
10.5	14.8	14.9	15.0	15.1	15.2	15.3	15.4	15.5	15.6	15.7
11.0	14.7	14.8	14.9	15.0	15.1	15.2	15.3	15.4	15.5	15.6
11.5	14.6	14.7	14.8	14.9	15.0	15.1	15.2	15.3	15.4	15.5
12.0	14.6	14.7	14.8	14.9	15.0	15.1	15.2	15.3	15.4	15.5
12.5	14.5	14.6	14.7	14.8	14.9	15.0	15.1	15.2	15.3	15.4
13.0	14.4	14.5	14.6	14.7	14.8	14.9	15.0	15.1	15.2	15.3
13.5	14.3	14.4	14.5	14.6	14.7	14.8	14.9	15.0	15.1	15.2
14.0	14.2	14.3	14.4	14.5	14.6	14.7	14.8	14.9	15.0	15.1
14.5	14.1	14.2	14.3	14.4	14.5	14.6	14.7	14.8	14.9	15.0
15.0	14.0	14.1	14.2	14.3	14.4	14.5	14.6	14.7	14.8	14.9
15.5	13.9	14.0	14.1	14.2	14.3	14.4	14.5	14.6	14.7	14.8
16.0	13.9	14.0	14.1	14.2	14.3	14.4	14.5	14.6	14.7	14.8
16.5	13.8	13.9	14.0	14.1	14.2	14.3	14.4	14.5	14.6	14.7
17.0	13.7	13.8	13.9	14.0	14.1	14.2	14.3	14.4	14.5	14.6
17.5	13.6	13.7	13.8	13.9	14.0	14.1	14.2	14.3	14.4	14.5
18.0	13.5	13.6	13.7	13.8	13.9	14.0	14.1	14.2	14.3	14.4
18.5	13.4	13.5	13.6	13.7	13.8	13.9	14.0	14.1	14.2	14.3
19.0	13.3	13.4	13.5	13.6	13.7	13.8	13.9	14.0	14.1	14.2
19.5	13.2	13.2	13.3	13.4	13.5	13.6	13.7	13.8	13.9	14.0
20.0	13.1	13.1	13.2	13.3	13.4	13.5	13.6	13.7	13.8	13.9
20.5	12.9	13.0	13.1	13.2	13.3	13.4	13.4	13.5	13.6	13.7
21.0	12.8	12.8	12.9	13.0	13.1	13.2	13.3	13.4	13.5	13.6
21.5	12.7	12.7	12.8	12.9	13.0	13.1	13.2	13.3	13.4	13.5
22.0	12.6	12.6	12.7	12.8	12.9	13.0	13.1	13.2	13.3	13.4
22.5	12.5	12.5	12.6	12.7	12.8	12.9	13.0	13.1	13.2	13.3
23.0	12.4	12.4	12.5	12.6	12.7	12.8	12.9	13.0	13.1	13.2
23.5	12.3	12.3	12.4	12.5	12.6	12.7	12.8	12.9	13.0	13.1
24.0	12.2	12.2	12.3	12.4	12.5	12.6	12.7	12.8	12.9	13.0
24.5	12.1	12.1	12.2	12.3	12.4	12.5	12.6	12.6	12.7	12.8
25.0	12.0	12.0	12.1	12.2	12.3	12.4	12.4	12.5	12.6	12.7

온도 ℃	주정분(용량%)									
	15.0	15.1	15.2	15.3	15.4	15.5	15.6	15.7	15.8	15.9
5.0	16.8	16.9	17.0	17.1	17.2	17.4	17.5	17.6	17.7	17.8
5.5	16.7	16.8	16.9	17.0	17.2	17.3	17.4	17.5	17.6	17.7
6.0	16.7	16.8	16.9	17.0	17.1	17.2	17.3	17.4	17.5	17.6
6.5	16.6	16.7	16.8	16.9	17.0	17.2	17.3	17.4	17.5	17.6
7.0	16.6	16.7	16.8	16.9	17.0	17.1	17.2	17.3	17.4	17.5
7.5	16.5	16.6	16.7	16.8	16.9	17.0	17.1	17.2	17.3	17.4
8.0	16.4	16.5	16.6	16.7	16.8	16.9	17.0	17.1	17.2	17.3
8.5	16.3	16.4	16.5	16.6	16.7	16.8	16.9	17.0	17.1	17.2
9.0	16.2	16.3	16.4	16.5	16.6	16.7	16.8	16.9	17.0	17.1
9.5	16.1	16.2	16.3	16.4	16.5	16.6	16.7	16.8	16.9	17.0
10.0	16.0	16.1	16.2	16.3	16.4	16.5	16.6	16.7	16.8	16.9
10.5	15.9	16.0	16.1	16.2	16.3	16.4	16.5	16.6	16.7	16.8
11.0	15.8	15.9	16.0	16.1	16.2	16.3	16.4	16.5	16.6	16.7
11.5	15.7	15.8	15.9	16.0	16.1	16.2	16.3	16.4	16.5	16.6
12.0	15.6	15.7	15.8	15.9	16.0	16.1	16.2	16.3	16.4	16.5
12.5	15.5	15.6	15.7	15.8	15.9	16.0	16.1	16.2	16.3	16.4
13.0	15.4	15.5	15.6	15.7	15.8	15.9	16.0	16.1	16.2	16.3
13.5	15.3	15.4	15.5	15.6	15.7	15.8	15.9	16.0	16.1	16.2
14.0	15.2	15.3	15.4	15.5	15.6	15.7	15.8	15.9	16.0	16.1
14.5	15.1	15.2	15.3	15.4	15.5	15.6	15.7	15.8	15.9	16.0
15.0	15.0	15.1	15.2	15.3	15.4	15.5	15.6	15.7	15.8	15.9
15.5	14.9	15.0	15.1	15.2	15.3	15.4	15.5	15.6	15.7	15.8
16.0	14.9	15.0	15.1	15.2	15.3	15.4	15.5	15.6	15.7	15.8
16.5	14.8	14.8	14.9	15.0	15.1	15.2	15.3	15.4	15.5	15.6
17.0	14.7	14.7	14.8	14.9	15.0	15.1	15.2	15.3	15.4	15.5
17.5	14.6	14.6	14.7	14.8	14.9	15.0	15.1	15.2	15.3	15.4
18.0	14.5	14.5	14.6	14.7	14.8	14.9	15.0	15.1	15.2	15.3
18.5	14.4	14.4	14.5	14.6	14.7	14.8	14.9	15.0	15.1	15.2
19.0	14.3	14.3	14.4	14.5	14.6	14.7	14.8	14.9	15.0	15.1
19.5	14.1	14.2	14.3	14.4	14.5	14.6	14.6	14.7	14.8	14.9
20.0	14.0	14.0	14.1	14.2	14.3	14.4	14.5	14.6	14.7	14.8
20.5	13.8	13.9	14.0	14.1	14.2	14.3	14.3	14.4	14.5	14.6
21.0	13.7	13.7	13.8	13.9	14.0	14.1	14.2	14.3	14.4	14.5
21.5	13.6	13.6	13.7	13.8	13.9	14.0	14.1	14.2	14.3	14.4
22.0	13.5	13.5	13.6	13.7	13.8	13.9	14.0	14.1	14.2	14.3
22.5	13.4	13.4	13.5	13.6	13.7	13.8	13.9	13.9	14.0	14.1
23.0	13.3	13.3	13.4	13.5	13.6	13.7	13.7	13.8	13.9	14.0
23.5	13.2	13.2	13.3	13.4	13.5	13.6	13.6	13.7	13.8	13.9
24.0	13.1	13.1	13.2	13.3	13.4	13.5	13.5	13.6	13.7	13.8
24.5	12.9	13.0	13.1	13.1	13.2	13.3	13.4	13.5	13.5	13.6
25.0	12.8	12.8	12.9	13.0	13.1	13.2	13.2	13.3	13.4	13.5

온도	주정분(용량%)									
℃	17.0	17.1	17.2	17.3	17.4	17.5	17.6	17.7	17.8	17.9
5.0	19.2	19.3	19.4	19.5	19.6	19.8	19.9	20.0	20.1	20.2
5.5	19.1	19.2	19.3	19.4	19.5	19.7	19.8	19.9	20.0	20.1
6.0	19.0	19.1	19.2	19.3	19.4	19.6	19.7	19.8	19.9	20.0
6.5	18.9	19.0	19.1	19.2	19.3	19.5	19.6	19.7	19.8	19.9
7.0	18.8	18.9	19.0	19.1	19.2	19.4	19.5	19.6	19.7	19.8
7.5	18.7	18.8	18.9	19.0	19.1	19.2	19.3	19.5	19.6	19.7
8.0	18.6	18.7	18.8	18.9	19.0	19.1	19.2	19.3	19.4	19.5
8.5	18.5	18.6	18.7	18.8	18.9	19.0	19.1	19.2	19.3	19.4
9.0	18.4	18.5	18.6	18.7	18.8	18.9	19.0	19.1	19.2	19.3
9.5	18.2	18.3	18.4	18.5	18.6	18.8	18.9	19.0	19.1	19.2
10.0	18.1	18.2	18.3	18.4	18.5	18.6	18.7	18.8	18.9	19.0
10.5	18.0	18.1	18.2	18.3	18.4	18.5	18.6	18.7	18.8	18.9
11.0	17.9	18.0	18.1	18.2	18.3	18.4	18.5	18.6	18.7	18.8
11.5	17.7	17.8	17.9	18.0	18.1	18.3	18.4	18.5	18.6	18.7
12.0	17.6	17.7	17.8	17.9	18.0	18.1	18.2	18.3	18.4	18.5
12.5	17.5	17.6	17.7	17.8	17.9	18.0	18.1	18.2	18.3	18.4
13.0	17.4	17.5	17.6	17.7	17.8	17.9	18.0	18.1	18.2	18.3
13.5	17.3	17.4	17.5	17.6	17.7	17.8	17.9	18.0	18.1	18.2
14.0	17.2	17.3	17.4	17.5	17.6	17.7	17.8	17.9	18.0	18.1
14.5	17.1	17.2	17.3	17.4	17.5	17.6	17.7	17.8	17.9	18.0
15.0	17.0	17.1	17.2	17.3	17.4	17.5	17.6	17.7	17.8	17.9
15.5	16.9	17.0	17.1	17.2	17.3	17.4	17.5	17.6	17.7	17.8
16.0	16.9	16.9	17.0	17.1	17.2	17.3	17.4	17.5	17.6	17.7
16.5	16.7	16.8	16.9	17.0	17.1	17.2	17.2	17.3	17.4	17.5
17.0	16.6	16.6	16.7	16.8	16.9	17.0	17.1	17.2	17.3	17.4
17.5	16.4	16.5	16.6	16.7	16.8	16.9	17.0	17.1	17.2	17.3
18.0	16.3	16.4	16.5	16.6	16.7	16.8	16.9	17.0	17.1	17.2
18.5	16.2	16.2	16.3	16.4	16.5	16.6	16.7	16.8	16.9	17.0
19.0	16.1	16.1	16.2	16.3	16.4	16.5	16.6	16.7	16.8	16.9
19.5	15.9	16.0	16.1	16.2	16.3	16.4	16.4	16.5	16.6	16.7
20.0	15.8	15.8	15.9	16.0	16.1	16.2	16.3	16.4	16.5	16.6
20.5	15.6	15.7	15.8	15.9	16.0	16.1	16.1	16.2	16.3	16.4
21.0	15.5	15.5	15.6	15.7	15.8	15.9	16.0	16.1	16.2	16.3
21.5	15.4	15.4	15.5	15.6	15.7	15.8	15.9	16.0	16.1	16.2
22.0	15.3	15.3	15.4	15.5	15.6	15.7	15.8	15.9	16.0	16.1
22.5	15.1	15.2	15.3	15.4	15.5	15.6	15.6	15.7	15.8	15.9
23.0	15.0	15.0	15.1	15.2	15.3	15.4	15.5	15.6	15.7	15.8
23.5	14.9	14.9	15.0	15.1	15.2	15.3	15.4	15.5	15.6	15.7
24.0	14.8	14.8	14.9	15.0	15.1	15.2	15.3	15.4	15.5	15.6
24.5	14.6	14.6	14.7	14.8	14.9	15.0	15.1	15.2	15.3	15.4
25.0	14.5	14.5	14.6	14.7	14.8	14.9	15.0	15.1	15.2	15.3

온도 ℃	주정분(용량%)									
	17.0	17.1	17.2	17.3	17.4	17.5	17.6	17.7	17.8	17.9
5.0	19.2	19.3	19.4	19.5	19.6	19.8	19.9	20.0	20.1	20.2
5.5	19.1	19.2	19.3	19.4	19.5	19.7	19.8	19.9	20.0	20.1
6.0	19.0	19.1	19.2	19.3	19.4	19.6	19.7	19.8	19.9	20.0
6.5	18.9	19.0	19.1	19.2	19.3	19.5	19.6	19.7	19.8	19.9
7.0	18.8	18.9	19.0	19.1	19.2	19.4	19.5	19.6	19.7	19.8
7.5	18.7	18.8	18.9	19.0	19.1	19.2	19.3	19.5	19.6	19.7
8.0	18.6	18.7	18.8	18.9	19.0	19.1	19.2	19.3	19.4	19.5
8.5	18.5	18.6	18.7	18.8	18.9	19.0	19.1	19.2	19.3	19.4
9.0	18.4	18.5	18.6	18.7	18.8	18.9	19.0	19.1	19.2	19.3
9.5	18.2	18.3	18.4	18.5	18.6	18.8	18.9	19.0	19.1	19.2
10.0	18.1	18.2	18.3	18.4	18.5	18.6	18.7	18.8	18.9	19.0
10.5	18.0	18.1	18.2	18.3	18.4	18.5	18.6	18.7	18.8	18.9
11.0	17.9	18.0	18.1	18.2	18.3	18.4	18.5	18.6	18.7	18.8
11.5	17.7	17.8	17.9	18.0	18.1	18.3	18.4	18.5	18.6	18.7
12.0	17.6	17.7	17.8	17.9	18.0	18.1	18.2	18.3	18.4	18.5
12.5	17.5	17.6	17.7	17.8	17.9	18.0	18.1	18.2	18.3	18.4
13.0	17.4	17.5	17.6	17.7	17.8	17.9	18.0	18.1	18.2	18.3
13.5	17.3	17.4	17.5	17.6	17.7	17.8	17.9	18.0	18.1	18.2
14.0	17.2	17.3	17.4	17.5	17.6	17.7	17.8	17.9	18.0	18.1
14.5	17.1	17.2	17.3	17.4	17.5	17.6	17.7	17.8	17.9	18.0
15.0	17.0	17.1	17.2	17.3	17.4	17.5	17.6	17.7	17.8	17.9
15.5	16.9	17.0	17.1	17.2	17.3	17.4	17.5	17.6	17.7	17.8
16.0	16.9	16.9	17.0	17.1	17.2	17.3	17.4	17.5	17.6	17.7
16.5	16.7	16.8	16.9	17.0	17.1	17.2	17.2	17.3	17.4	17.5
17.0	16.6	16.6	16.7	16.8	16.9	17.0	17.1	17.2	17.3	17.4
17.5	16.4	16.5	16.6	16.7	16.8	16.9	17.0	17.1	17.2	17.3
18.0	16.3	16.4	16.5	16.6	16.7	16.8	16.9	17.0	17.1	17.2
18.5	16.2	16.2	16.3	16.4	16.5	16.6	16.7	16.8	16.9	17.0
19.0	16.1	16.1	16.2	16.3	16.4	16.5	16.6	16.7	16.8	16.9
19.5	15.9	16.0	16.1	16.2	16.3	16.4	16.4	16.5	16.6	16.7
20.0	15.8	15.8	15.9	16.0	16.1	16.2	16.3	16.4	16.5	16.6
20.5	15.6	15.7	15.8	15.9	16.0	16.1	16.1	16.2	16.3	16.4
21.0	15.5	15.5	15.6	15.7	15.8	15.9	16.0	16.1	16.2	16.3
21.5	15.4	15.4	15.5	15.6	15.7	15.8	15.9	16.0	16.1	16.2
22.0	15.3	15.3	15.4	15.5	15.6	15.7	15.8	15.9	16.0	16.1
22.5	15.1	15.2	15.3	15.4	15.5	15.6	15.6	15.7	15.8	15.9
23.0	15.0	15.0	15.1	15.2	15.3	15.4	15.5	15.6	15.7	15.8
23.5	14.9	14.9	15.0	15.1	15.2	15.3	15.4	15.5	15.6	15.7
24.0	14.8	14.8	14.9	15.0	15.1	15.2	15.3	15.4	15.5	15.6
24.5	14.6	14.6	14.7	14.8	14.9	15.0	15.1	15.2	15.3	15.4
25.0	14.5	14.5	14.6	14.7	14.8	14.9	15.0	15.1	15.2	15.3

온도 ℃	주정분(용량%)									
	18.0	18.1	18.2	18.3	18.4	18.5	18.6	18.7	18.8	18.9
5.0	20.4	20.5	20.6	20.7	20.8	20.9	21.0	21.1	21.2	21.3
5.5	20.3	20.4	20.5	20.6	20.7	20.8	20.9	21.0	21.1	21.2
6.0	20.2	20.3	20.4	20.5	20.6	20.7	20.8	20.9	21.0	21.1
6.5	20.1	20.2	20.3	20.4	20.5	20.6	20.7	20.8	20.9	21.0
7.0	20.0	20.1	20.2	20.3	20.4	20.5	20.6	20.7	20.8	20.9
7.5	19.8	19.9	20.0	20.1	20.2	20.3	20.4	20.5	20.6	20.7
8.0	19.7	19.8	19.9	20.0	20.1	20.2	20.3	20.4	20.5	20.6
8.5	19.6	19.7	19.8	19.9	20.0	20.1	20.2	20.3	20.4	20.5
9.0	19.5	19.6	19.7	19.8	19.9	20.0	20.1	20.2	20.3	20.4
9.5	19.3	19.4	19.5	19.6	19.7	19.8	19.9	20.0	20.1	20.2
10.0	19.2	19.3	19.4	19.5	19.6	19.7	19.8	19.9	20.0	20.1
10.5	19.1	19.2	19.3	19.4	19.5	19.6	19.7	19.8	19.9	20.0
11.0	19.0	19.1	19.2	19.3	19.4	19.5	19.6	19.7	19.8	19.9
11.5	18.8	18.9	19.0	19.1	19.2	19.3	19.4	19.5	19.6	19.7
12.0	18.7	18.8	18.9	19.0	19.1	19.2	19.3	19.4	19.5	19.6
12.5	18.6	18.7	18.8	18.9	19.0	19.1	19.2	19.3	19.4	19.5
13.0	18.5	18.6	18.7	18.8	18.9	19.0	19.1	19.2	19.3	19.4
13.5	18.3	18.4	18.5	18.6	18.7	18.8	18.9	19.0	19.1	19.2
14.0	18.2	18.3	18.4	18.5	18.6	18.7	18.8	18.9	19.0	19.1
14.5	18.1	18.2	18.3	18.4	18.5	18.6	18.7	18.8	18.9	19.0
15.0	18.0	18.1	18.2	18.3	18.4	18.5	18.6	18.7	18.8	18.9
15.5	17.9	17.9	18.0	18.1	18.2	18.3	18.4	18.5	18.6	18.7
16.0	17.8	17.8	17.9	18.0	18.1	18.2	18.3	18.4	18.5	18.6
16.5	17.6	17.7	17.8	17.9	18.0	18.1	18.1	18.2	18.3	18.4
17.0	17.5	17.5	17.6	17.7	17.8	17.9	18.0	18.1	18.2	18.3
17.5	17.4	17.4	17.5	17.6	17.7	17.8	17.9	18.0	18.1	18.2
18.0	17.3	17.3	17.4	17.5	17.6	17.7	17.8	17.9	18.0	18.1
18.5	17.1	17.1	17.2	17.3	17.4	17.5	17.6	17.7	17.8	17.9
19.0	17.0	17.0	17.1	17.2	17.3	17.4	17.5	17.6	17.7	17.8
19.5	16.8	16.9	17.0	17.1	17.2	17.3	17.3	17.4	17.5	17.6
20.0	16.7	16.7	16.8	16.9	17.0	17.1	17.2	17.3	17.4	17.5
20.5	16.5	16.5	16.6	16.7	16.8	16.9	17.0	17.1	17.2	17.3
21.0	16.4	16.4	16.5	16.6	16.7	16.8	16.9	17.0	17.1	17.2
21.5	16.3	16.3	16.4	16.5	16.6	16.7	16.8	16.8	16.9	17.0
22.0	16.2	16.2	16.3	16.4	16.5	16.6	16.6	16.7	16.8	16.9
22.5	16.0	16.0	16.1	16.2	16.2	16.3	16.4	16.5	16.6	16.7
23.0	15.9	15.9	16.0	16.1	16.2	16.3	16.3	16.4	16.5	16.6
23.5	15.8	15.8	15.9	16.0	16.1	16.2	16.2	16.3	16.4	16.5
24.0	15.7	15.7	15.8	15.9	16.0	16.1	16.1	16.2	16.3	16.4
24.5	15.5	15.6	15.7	15.7	15.8	15.9	16.0	16.1	16.1	16.2
25.0	15.4	15.4	15.5	15.6	15.7	15.8	15.8	15.9	16.0	16.1

온도	주정분(용량%)									
℃	19.0	19.1	19.2	19.3	19.4	19.5	19.6	19.7	19.8	19.9
5.0	21.5	21.6	21.7	21.8	21.9	22.1	22.2	22.3	22.4	22.5
5.5	21.4	21.5	21.6	21.7	21.8	21.9	22.0	22.2	22.3	22.4
6.0	21.3	21.4	21.5	21.6	21.7	21.8	21.9	22.0	22.1	22.2
6.5	21.1	21.2	21.3	21.4	21.5	21.7	21.8	21.9	22.0	22.1
7.0	21.0	21.1	21.2	21.3	21.4	21.5	21.6	21.7	21.8	21.9
7.5	20.8	20.9	21.0	21.1	21.2	21.4	21.5	21.6	21.7	21.8
8.0	20.7	20.8	20.9	21.0	21.1	21.2	21.3	21.4	21.5	21.6
8.5	20.6	20.7	20.8	20.9	21.0	21.1	21.2	21.3	21.4	21.5
9.0	20.5	20.6	20.7	20.8	20.9	21.0	21.1	21.2	21.3	21.4
9.5	20.3	20.4	20.5	20.6	20.7	20.9	21.0	21.1	21.2	21.3
10.0	20.2	20.3	20.4	20.5	20.6	20.7	20.8	20.9	21.0	21.1
10.5	20.1	20.2	20.3	20.4	20.5	20.6	20.7	20.8	20.9	21.0
11.0	20.0	20.1	20.2	20.3	20.4	20.5	20.6	20.7	20.8	20.9
11.5	19.8	19.9	20.0	20.1	20.2	20.3	20.4	20.5	20.6	20.7
12.0	19.7	19.8	19.9	20.0	20.1	20.2	20.3	20.4	20.5	20.6
12.5	19.6	19.7	19.8	19.9	20.0	20.1	20.2	20.3	20.4	20.5
13.0	19.5	19.6	19.7	19.8	19.9	20.0	20.1	20.2	20.3	20.4
13.5	19.3	19.4	19.5	19.6	19.7	19.8	19.9	20.0	20.1	20.2
14.0	19.2	19.3	19.4	19.5	19.6	19.7	19.8	19.9	20.0	20.1
14.5	19.1	19.2	19.3	19.4	19.5	19.6	19.7	19.8	19.9	20.0
15.0	19.0	19.1	19.2	19.3	19.4	19.5	19.6	19.7	19.8	19.9
15.5	18.8	18.9	19.0	19.1	19.2	19.3	19.4	19.5	19.6	19.7
16.0	18.7	18.8	18.9	19.0	19.1	19.2	19.3	19.4	19.5	19.6
16.5	18.5	18.6	18.7	18.8	18.9	19.0	19.1	19.2	19.3	19.4
17.0	18.4	18.5	18.6	18.7	18.8	18.9	19.0	19.1	19.2	19.3
17.5	18.3	18.3	18.4	18.5	18.6	18.7	18.8	18.9	19.0	19.1
18.0	18.2	18.2	18.3	18.4	18.5	18.6	18.7	18.8	18.9	19.0
18.5	18.0	18.1	18.2	18.3	18.4	18.5	18.5	18.6	18.7	18.8
19.0	17.9	17.9	18.0	18.1	18.2	18.3	18.4	18.5	18.6	18.7
19.5	17.7	17.8	17.9	18.0	18.1	18.2	18.2	18.3	18.4	18.5
20.0	17.6	17.6	17.7	17.8	17.9	18.0	18.1	18.2	18.3	18.4
20.5	17.4	17.5	17.6	17.7	17.8	17.9	17.9	18.0	18.1	18.2
21.0	17.3	17.3	17.4	17.5	17.6	17.7	17.8	17.9	18.0	18.1
21.5	17.1	17.2	17.3	17.4	17.5	17.6	17.6	17.7	17.8	17.9
22.0	17.0	17.0	17.1	17.2	17.3	17.4	17.5	17.6	17.7	17.8
22.5	16.8	16.9	17.0	17.1	17.2	17.3	17.3	17.4	17.5	17.6
23.0	16.7	16.7	16.8	16.9	17.0	17.1	17.2	17.3	17.4	17.5
23.5	16.6	16.6	16.7	16.8	16.9	17.0	17.1	17.2	17.3	17.4
24.0	16.5	16.5	16.6	16.7	16.8	16.9	17.0	17.1	17.2	17.3
24.5	16.3	16.4	16.5	16.6	16.7	16.8	16.8	16.9	17.0	17.1
25.0	16.2	16.2	16.3	16.4	16.5	16.6	16.7	16.8	16.9	17.0

7. 한국 전통주 배우는 곳

www.sool.or.kr

한국전통주학교

전통주학교는 한국가양주협회 전통주 분야 협력교육기관입니다. 1996년 설립 이후 33기까지 동문을 배출했으며, 전통주 발굴 대회부터 외국인 전통주 데이 등 많은 행사를 개최하고 있습니다. 또한 천비

향 온양온주, 사대부 가주 등 전국 전통주 생산 및 판매 분야에 많은 동문들이 진출해 있습니다.

전통주, 소주, 막걸리 교육생 모집

- 막걸리, 전통주 관련 서적 저자 직강
- 전통주 학교 지방농업기술센터 출강
- 과정이수 후 전망
  - 양조장, 농민주 창업
  - 기존 음식점에서 허가 후 본인이 생산한 전통주 판매
  - 전통주 주조 자격증 취득 교육
  - 하우스 막걸리 창업 교육

1 교육특전
  - 막걸리 제대로 빚는 방법 및 다양주 제대로 만드는 방법 교육
  - 주조자격증(민간자격증) 취득 기회 부여
  - 양조전문가반 우선 수강 기회 부여
  - 전통주 학교 동문회 가입
  - 직접 빚은 술 주류 분석 지원

2 입학 대상

- 전통주에 관심을 가지고 있는 자

- 전통주 관련 창업을 준비하는 자

3 과정별 교육내용

- **교육과정** : 막걸리반, 전통주반, 명인반(심화반),

　　　　　　한국전통주 소믈리에반

- **교육기간** : 각 반별 별도 공지(홈페이지 및 카페 참조)

- **교육시간** : 각 반별 별도 공지(홈페이지 및 카페 참조)

- **수강인원** : 각 반 24명 선착순

- **모집기간** : 홈페이지 및 카페 참조

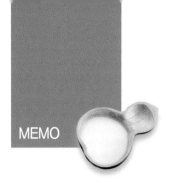

MEMO

참고문헌

《21세기 영양학》, 교문사, 2016, 최혜미 지음

《과실주 & 전통주 40가지》, 살림life, 2009, 공태인 지음

《기초화학사전》, 그린북, 2020, 다케다 준이치로 지음, 조민정 옮김

《누룩의 과학》, 유한문화사, 2012, 정동효 지음

《동의보감 속 우리 약초》, 푸른행복, 2020, 박종철 지음

《막걸리 이야기》, 살림출판사, 2012, 정은숙 지음

《발효식초 빚기》, 헬스레터, 2016, 백용규 지음

《버선발로 디딘 누룩》, 코리아쇼케이스, 2006, 박록담 지음

《뿌리 깊은 전통주 : 수운잡방》, 백산출판사, 2019, 허민영 외 지음

《소주 이야기》, 살림출판사, 2015, 이지형 지음

《식초 양조학》, 알타미라, 2019, 정철 지음

《식품미생물학》, 수학사, 2014, 유상렬 외 지음

《식품화학》, 교문사, 2013, 조신호 외 지음

《우리 누룩의 정통성과 우수성》, 월드사이언스, 2011, 유대식 외 지음

《우리 술 보물창고》, FACT, 2011, 김용택 지음

《음식디미방주해》, 글누림, 2006, 백두현 지음

《음식원리》, 사이언스북스, 2018, DK『음식 원리』편집 위원회 지음,
　　　변용란 옮김

《재미있는 식품 미생물학》, 수학사, 2018 강옥주 지음

《전통주 칵테일》, 휴먼컬처아리랑, 2015, 농촌진흥청 국립농업과학원 지음

《조선 왕들, 금주령을 내리다》, 팬덤북스, 2014, 정구선 지음

《증류주개론》, 광문각, 2016, 이종기 외 지음

《천년의 술, 우리 막걸리 막걸리학》, 월드사이언스, 2015, 유대식 지음

《청주제조기술》, 우곡출판사, 2008, 일본양조협회 지음, 배상면 옮김

《한국의 술 100년의 과제와 전망》, 향음, 2017, 정대영 외 지음

《한국의 저장 발효음식》, 신광출판사, 2007, 윤숙자 지음

《한국의 전통주》, 유한문화사, 2016, 정동효 지음

〈양조아카데미교재〉, 정철 양조기술연구소, 2017

〈음식디미방〉, (사)한국가양주협회, 2009

〈주류제조교본〉, 국세청기술연구소, 2002

〈천연식초의 효능과 가공방법 생활 속의 식초 활용방법〉, 서울시농업 기술센터, 2010

하우스 막걸리 쉽게 빚기

제1판 1쇄 | 2017년 11월 22일
제1판 2쇄 | 2021년 3월 5일

지은이 | 김경섭
펴낸이 | 손희식
펴낸곳 | 한국경제신문 *i*
책임편집 | 배성분   디자인 | 노경녀 n1004n@hanmail.net
기획 · 제작 | ㈜두드림미디어

주소 | 서울특별시 중구 청파로 463
기획출판팀 | 02-333-3577
E-mail | dodreamedia@naver.com
등록 | 제 2-315(1967. 5. 15)

ISBN 978-89-475-4267-8   13590